1

2

3

1. 富士山南西麓の砂防施設

（静岡県富士宮市上井出）

大沢崩れから流出する土砂を沈砂池や遊砂池などの砂防施設内で堆積させ、下流への流出を食いとめている

2. 御殿場岩屑なだれ堆積物の断面

（静岡県御殿場市滝ヶ原小山川調整池）

赤色の火山灰や内部が著しく破砕された紫灰色の溶岩のブロック（岩屑なだれ岩塊）が接している

3. 3200年前の大沢火砕流2とこれをおおう2500年前の大沢火砕流3

西側斜面大沢崩れ末端の「横崩れ」（標高1400m）

ここに着色されているすべての範囲が、同時に危険になるわけではありません。
〔仮に富士山が噴火した場合に、溶岩流・噴石・火砕流などの影響がおよぶ可能性の高い範囲を、すべて重ねて描いたものです。〕

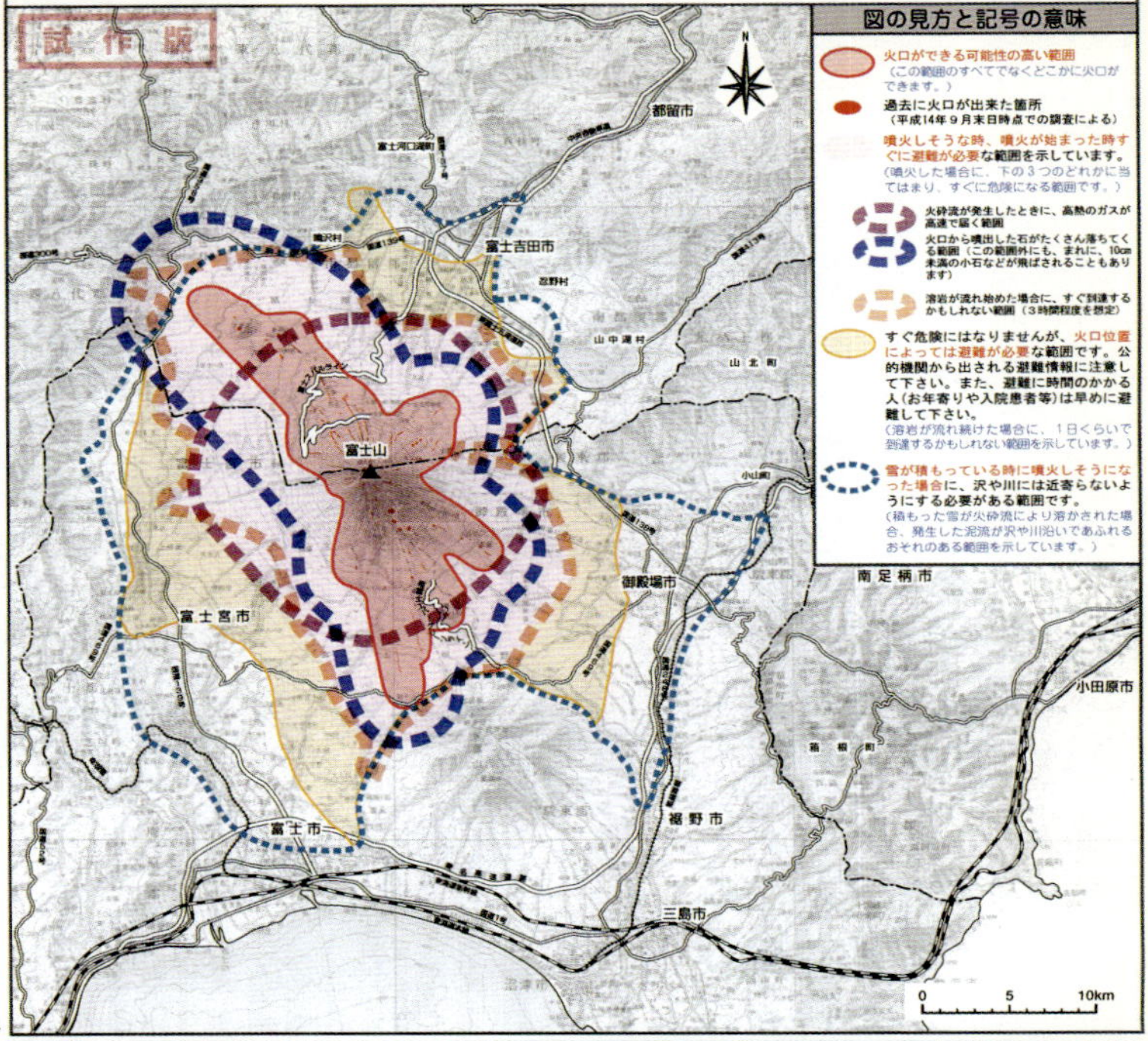
試作版
N
都留市
富士吉田市
忍野村
山中湖村
山北町
富士山
富士宮市
御殿場市
南足柄市
小田原市
箱根町
裾野市
富士市
三島市
0 5 10km
図の見方と記号の意味
火口ができる可能性の高い範囲
（この範囲のすべてでなくどこかに火口ができます。）
過去に火口が出来た箇所
（平成14年９月末日時点での調査による）
噴火しそうな時、噴火が始まった時すぐに避難が必要な範囲を示しています。
（噴火した場合に、下の３つのどれかに当てはまり、すぐに危険になる範囲です。）
火砕流が発生したときに、高熱のガスが高速で届く範囲
火口から噴出した石がたくさん落ちてくる範囲（この範囲外にも、まれに、10cm未満の小石などが飛ばされることもあります）
溶岩が流れ始めた場合に、すぐ到達するかもしれない範囲（３時間程度を想定）
すぐ危険にはなりませんが、火口位置によっては避難が必要な範囲です。公的機関から出される避難情報に注意して下さい。また、避難に時間のかかる人（お年寄りや入院患者等）は早めに避難して下さい。
（溶岩が流れ続けた場合に、１日くらいで到達するかもしれない範囲を示しています。）
雪が積もっている時に噴火しそうになった場合に、沢や川には近寄らないようにする必要がある範囲です。
（積もった雪が火砕流により溶かされた場合、発生した泥流が沢や川沿いであふれるおそれのある範囲を示しています。）

4

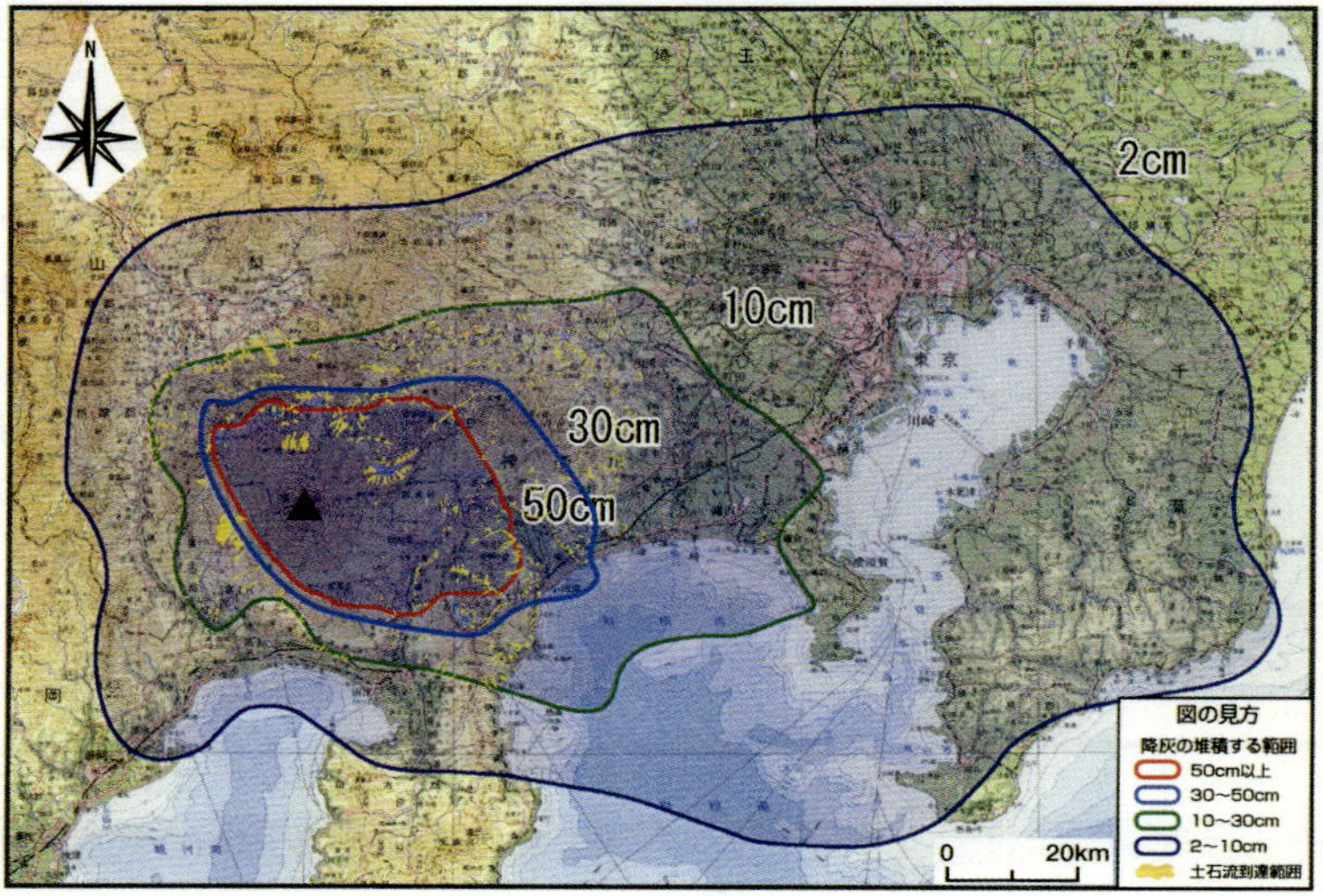
N
2cm
10cm
30cm
50cm
東京
0 20km
図の見方
降灰の堆積する範囲
50cm以上
30～50cm
10～30cm
2～10cm
土石流到達範囲

5

6

7

8

4. 富士山全域の火山防災マップ
(富士山ハザードマップ検討委員会、2004)
ピンク色の範囲は噴火の可能性が高まったときに「すぐに避難が必要な地域」、オレンジ色は「避難の準備を行なう地域」

5. 降灰可能性マップ
(富士山ハザードマップ検討委員会、2004)
宝永噴火クラスの爆発的な大規模噴火が発生した場合に、火山灰が堆積する可能性がある範囲と、予想される火山灰の厚さを図示した地図

6. 長尾山(写真右下)**から噴出した青木ヶ原溶岩**(緑色の範囲)
青木ヶ原溶岩の上には原生林の森である青木ヶ原樹海が誕生した

7. 富士山頂にかかる笠雲
日本大学花鳥山脈実習場に設置されている「日本大学富士山監視カメラ」が、2005年3月15日17時15分ごろに撮影した。三重の笠雲は大変めずらしい

8. 富士五湖は富士山のふもとと周辺の山地との間に分布する
赤色で示すのは過去2000年間に流下した溶岩

9

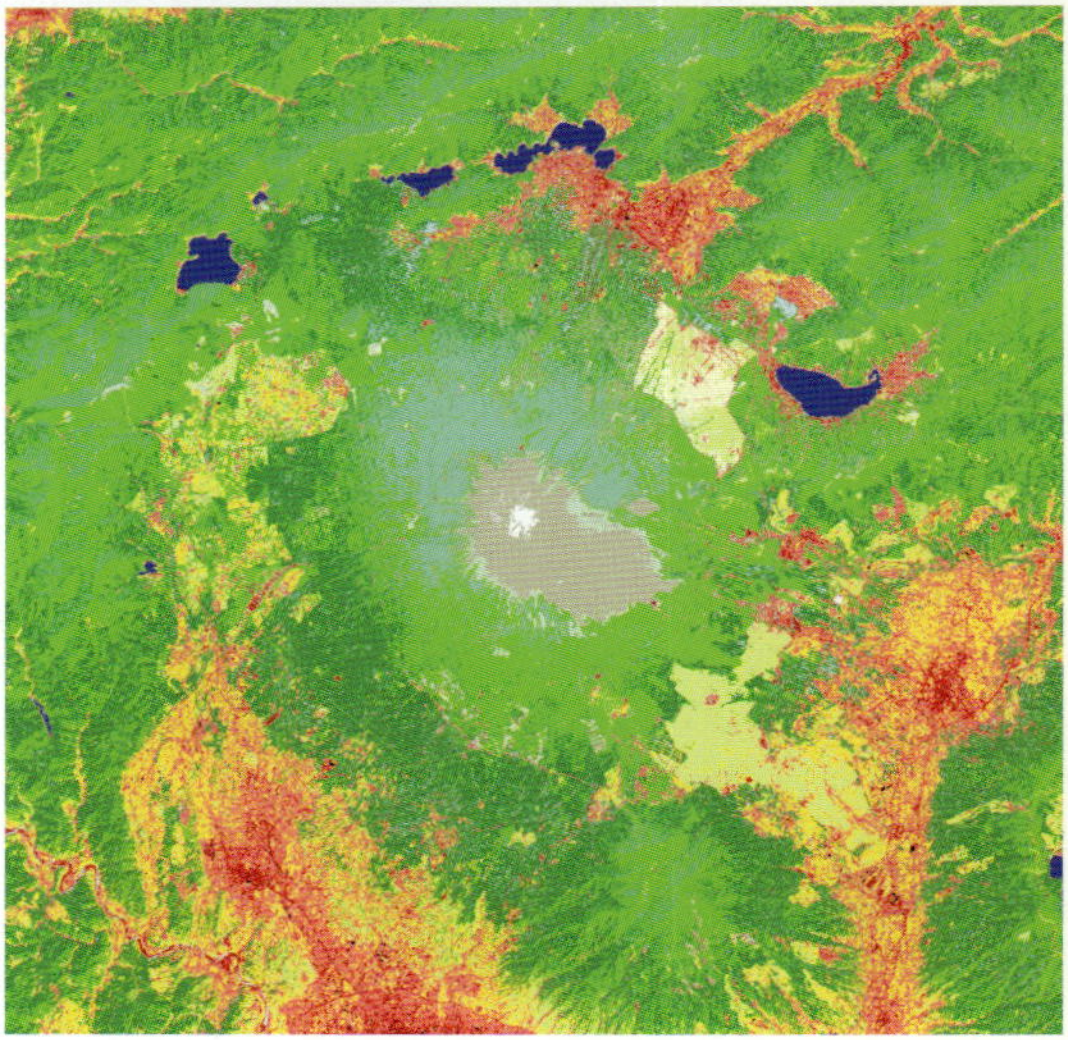
10

9. 宇宙からみた富士山

約700km上空の宇宙からランドサット(LANDSAT)衛星が捉えた初秋の富士山。山頂は雪におおわれて淡い青色で示されている。その周りの濃灰色は火山噴出物におおわれた地域である。山麓は緑におおわれ、北側一帯には過去の富士山噴火により生まれた富士五湖の姿が濃青色で映し出されている

10. 富士山周辺の地表被覆状態

ランドサットが撮影したデータをコンピュータで解析して分類した。森林は緑系色、市街地と住宅地が赤色や朱色、農地がオレンジ色、草地が黄色などで表されている。数種類の森林が山頂を取り巻くように同心円状に分布している様子がわかる

富士火山の地球科学と防災学

富士山の謎をさぐる

日本大学文理学部地球システム科学教室編

築地書館

はじめに

富士山は、その高さ、大きさ、知名度のどれをとっても日本一の山であり、日本の象徴ともいわれている。首都圏からわずか一〇〇キロメートルという距離にあり、よく晴れた日には、東京からも遠く望むことができる。そのため東京近辺には富士見という地名も多く、小中学校の多くの校歌にも歌われている。東京近辺に住む人にとっても、富士山は大変に親しみ深い身近な山であり、また日本人みんなの心のふるさとである。

一方、その広大な裾野《すその》は開発が進んでおり、豊かな沃野に六〇万人もの人々が生活し、また日本の動脈といわれる東海道新幹線や東名自動車道なども通っている。さらには富士五湖などの風光明媚な観光地を擁し、年間延べ三〇〇〇万人近い観光客が訪れており、そのうち富士山への登山客だけでも三〇万人を数えるという。富士山はさながら恵みの山ともいえるのである。

しかし、富士山は日本列島最大の活火山であり、つい最近まで活発な活動を続けてきたことを忘れてはならない。事実、江戸時代の宝永《ほうえい》年間の噴火では、江戸の町が四センチメートルを超える厚さの火山灰におおわれたこともある。二〇〇〇年から二〇〇一年にかけては、富士山の地下でのマグマのうごめきを示すと思われる深部低周波地震が頻発し、噴火の危険性が再認識された。それを受けて、内閣府を中心に富士山ハザードマップ検討委員会がつくられ、富士山の来るべき噴火災害に備えたハザードマップづくりが行なわれている。

深部低周波地震はその後活動を弱めたため、人々の関心は徐々に薄くなりつつあるようにみえるが、もちろん噴火の危険性そのものが消え去ったわけではない。

また、富士山のすぐ近くにはマグニチュード8クラスの地震を起こす東海地震の巣も存在しており、こうした巨大地震がいつ起きてもおかしくないといわれている。江戸時代の宝永年間のときのように、東海地震に連動して富士山が噴火する可能性もゼロではないのである。

日本大学文理学部地球システム科学教室では、これまでさまざまな側面から富士山の地球科学的研究に取り組んできた。本教室を中心に文理学部に設置された日本大学富士山監視ネットワークシステムでは、二四時間体制での富士山の映像観測を実施しているが、これもそうした研究活動の一部である。また、二〇〇一年からは日本大学総長指定研究の一環としても研究が進められてきた。

この本は、以上のような日本大学文理学部地球システム科学教室で取り組んできた研究の成果をもとに、富士山の地球科学と防災を中心に、富士山のすべてを多くの方々にわかりやすく知っていただくことを目的としてまとめられたものである。富士山の生い立ちや噴火現象だけではなく、気象、水、富士山周辺の土地利用、土壌やその生み出す農産物、富士山ハザードマップまで、富士山に関する最新の知識を幅広く盛りこんである。

読者のみなさんが、本書によってさらに広く富士山に関する知識を深め、富士山の火山防災や火山の恵みについて多くのことを知っていただければ幸いである。

日本大学文理学部地球システム科学教室
「富士山の謎をさぐる」編集委員会
(編集責任者　高橋正樹)

目次

I　富士山は日本一の山

II 噴火する富士山

III 富士山の空と水

IV 富士山の火山災害と恵み

V 富士山の火山災害にかんするなんでもQ&A

I　富士は日本一の山

1　富士山が日本でいちばん高いわけ

高くて大きい富士山

富士山の標高は三七七六メートルあり、日本一の高さを誇っている。富士山が日本一なのは高さだけではない。その噴出量は五〇〇立方キロメートルを超えると推定されており、単独の第四紀火山体としては日本一の大きさを誇っている。富士山から流出した溶岩が占める面積も九〇〇平方キロメートルを超えており、単独の第四紀成層火山としては日本一の広さである。富士山は日本列島最大の第四紀成層火山なのである。

どうして富士山は高いのだろうか。大量のマグマを噴出したため。それも必要な条件だろう。しかし、噴出したマグマが大量なだけでは高い山をつくることはできない。大量のマグマを一気に噴出した場合、地下のマグマ溜りが空っぽになって、その上の地表部分が大きく陥没し、カルデラとよばれる凹地形をつくってしまう。高くなるどころか、むしろへこんで低くなってしまうのだ。

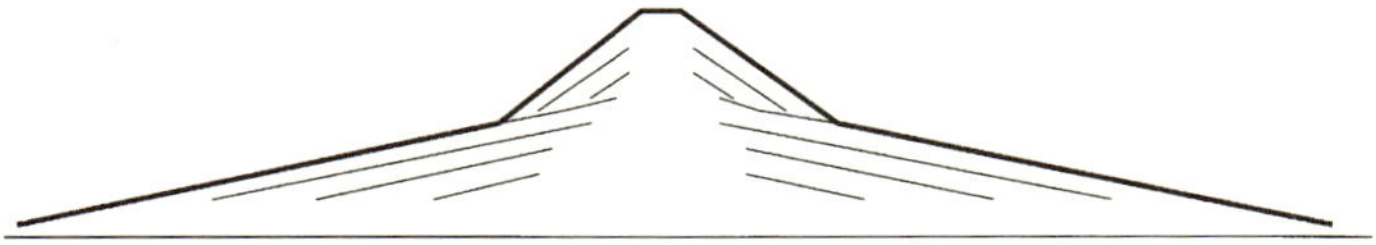

図1　富士山は二階建て
緩やかな傾斜の火山体の上に円錐形の成層火山体がのっている

富士山が高いのにはいくつかの理由が考えられる。富士山の下には丹沢《たんざわ》山地から続く尾根や小御岳《こみたけ》火山のようなやや古い火山体が隠されている。つまり底上げ火山なのである。しかしこの底上げだけでは、富士山の高さを説明するのに十分ではない。

富士山は二階建て

富士山の形態をよくみると、広い緩やかな傾斜をもった裾野《すその》と、標高一五〇〇メートル以上に発達する急傾斜の円錐形《えんすいけい》火山体からなることがわかる。この広い裾野は、火山泥流《でいりゅう》や岩屑《がんせつ》なだれ堆積物からなる緩やかな斜面を、さらに大量の粘り気の少ない溶岩流がほぼおおいつくしたもので、その形態はハワイ火山などにみられる西洋の盾《たて》を伏せたような盾状《たてじょう》火山とよく似ている。つまり、富士山は広大な盾状火山の土台の上に、さらに成層火山をもうひとつのせたような構造をもっている（**図1**）。つまり二階建ての火山なのだ。

富士山が高くなるためには、裾野を埋めた大量の火山泥流によって形づくられた広大な火山麓扇状地と、その後に噴出した大量の玄武岩《げんぶがん》質の溶岩によって形成された広大な盾状火山体がその土台に存在することが必要だったのである。

火山麓扇状地が形成された古富士火山の活動期は寒冷な気候の氷河期にあたり、古富士火山の山頂部にも山岳氷河が存在していた可能性が高い。噴火によってこうした山頂氷河が融解《ゆうかい》して大量の融雪《ゆうせつ》型火山泥流が生み出され、それがくり返し流下して山麓を埋めつくし、広大な火山麓扇状地が形成されたものと考えられる。また、一万一〇〇〇年前以降八〇〇〇年前までの新富士火山旧期の時期には、なんらかの原因で総噴出量が四〇立方キロメートルに近い大量の玄武岩溶岩が流出し、広大な盾状火山体を形成した。

以上のような特異な出来事がなければ、富士火山が日本一の高さの火山となることはなかっただろう。

2　富士山の土台をなす大地――島弧と島弧の衝突帯

富士山を囲む山地

富士山はどのような地質の場所に形成されているのだろうか。富士山の周辺にはいくつかの山地がある。北東側には丹沢《たんざわ》山地、北側から西方にかけては御坂《みさか》山地、さらに西側には南アルプス、すなわち赤石山地の巨大な山塊、御坂山地や丹沢山地の北方には関東山地が鎮座している。

また、東側には箱根火山の土台を構成する伊豆半島の北方延長が、南東側には、愛鷹《あしたか》火山を間にはさんで伊豆半島の山塊が存在する。

これら、富士山の土台をなす大地は、大きく分けて二種類の地質からなっている（図1）。

山地を構成する岩石

丹沢山地や御坂山地、それに伊豆半島など、富士山の直接の土台を形成しているのは、今から一〇〇〇

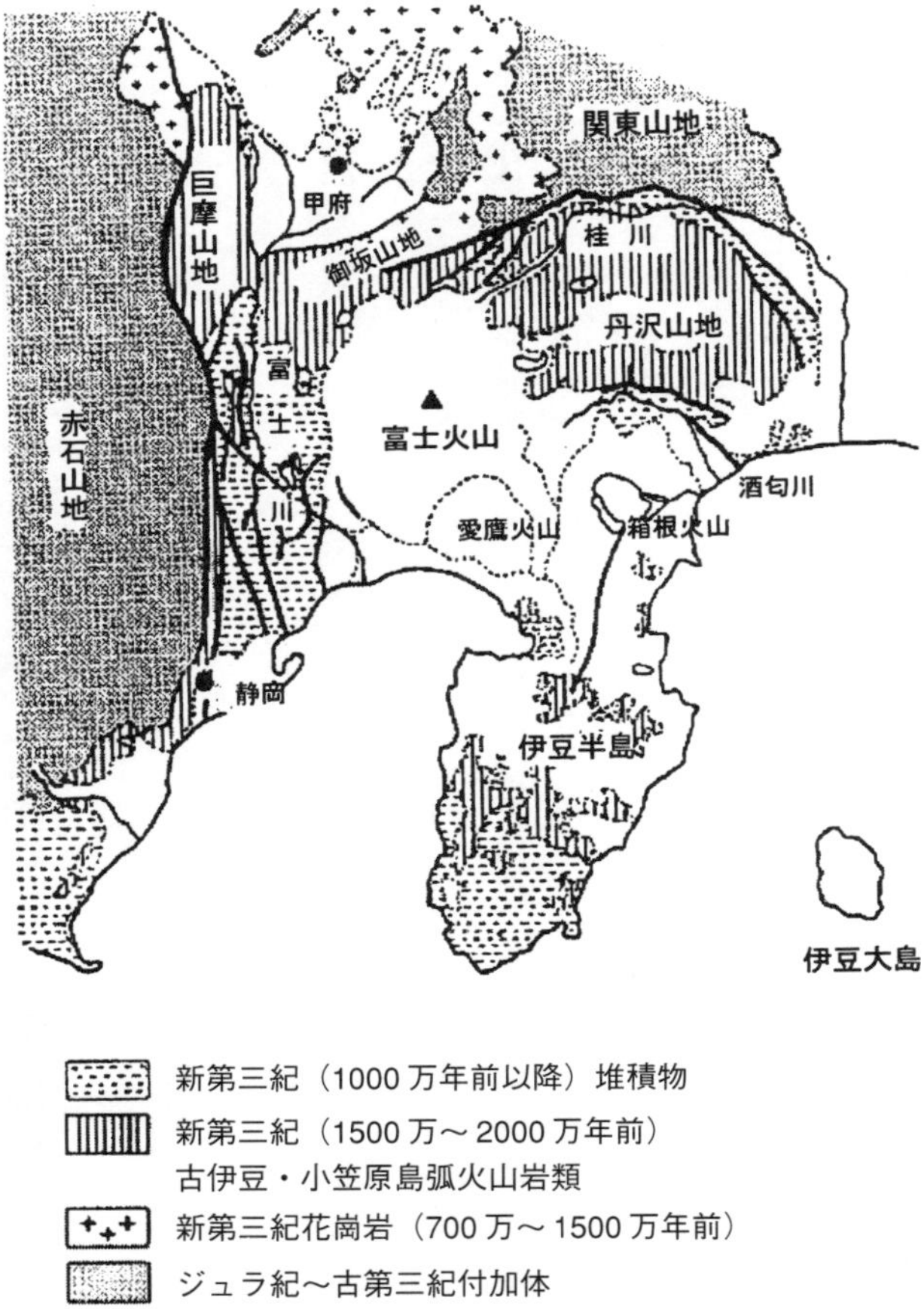

図1　富士山の土台をなす周辺の基盤岩類の分布 [(3)をもとに作成]
赤石山地、関東山地はジュラ紀～古第三紀の付加体堆積物から構成される。櫛形山地、御坂山地、丹沢山地は、新第三紀（1500万年前～2000万年前）の古伊豆・小笠原火山弧の海底火山岩類からなる。富士山直下には、丹沢山地の延長部が分布する。赤石山地、関東山地、御坂山地、丹沢山地には新第三紀花崗岩類がみられる。富士川周辺、丹沢山地北部～東部の桂川周辺、酒匂川上流には、過去のトラフ（海溝）充填堆積物が分布する。櫛形地塊、御殿坂地塊、丹沢地塊、伊豆地塊の順に、伊豆・小笠原火山弧の本州への衝突・付加が行なわれた[1]

万年～二〇〇〇万年前頃に海底に噴出した、現在の伊豆・小笠原弧のような火山弧を構成する海底火山岩類である。実際、これらの海底火山岩類からなる古島弧は、現在の伊豆・小笠原弧の北方延長にあたる。

　これに対して赤石山地や関東山地は、もっと時代の古い付加体《ふかたい》（8ページ）を構成する堆積岩類から構成されている。関東山地では南から北に向かって古第三紀から白亜紀を経てジュラ紀へと時代が古くなるのに対して、赤石山地では東から西へ向かって時代が古くなる。

　もともと両者は連続した一連の付加体であったが、現在では八の字形に配列している。これは、一五〇〇万年前に日本海の拡大が生じたさいに、移動する本州弧が南北にのびる古伊豆・小笠原弧と衝突した結果、形成されたからだと考えられている。巨摩《こま》山地や御坂山地を構成する海底火山岩類は、このときに赤石山地や関東山地を構成する付加体堆積物と衝突したものである。[1]

くり返される衝突

　その後七〇〇万年前頃に、沈み込みによるフィリピン海プレートの北上にともなって、丹沢山地を構成する海底火山岩類が関東山地に衝突した。[2] この衝突境界は、現在の相模《さがみ》湖から大月にいたる中央線ぞいの桂《かつら》川河谷帯にほぼ相当しており、この地域には衝突前の沈み込みトラフに堆積していた礫岩《れきがん》などの堆積岩が細長く分布している。大月の桂川左岸にある岩殿《いわどの》山は昔の山城の跡であるが、この礫岩から構成されている。富士山の土台には、この丹沢山地を構成する海底火山岩類の延長部が分布している。

約七〇万年前頃には、フィリピン海プレートの北上によって、伊豆半島を構成する地塊が丹沢山地を構成する地塊と衝突し、両者の境界部にあった砂岩、泥岩や礫岩からなるトラフ堆積物（足柄《あしがら》層群）は、大きく変形し地表に隆起した。足柄層群は、丹沢山地と箱根火山の間に位置する、東名高速自動車道路が走る現在の酒匂川《さかわ》の谷ぞいに細長く分布している。

このように、富士山の土台を構成する大地は、本州弧と伊豆・小笠原弧の衝突帯、すなわち世界的にみてもめずらしい島弧と島弧の衝突帯からなっている。(1)(2)

◆日本列島の骨組みをつくる地層――付加体《ふかたい》とは？◆

プレート沈み込み境界には海溝《かいこう》が形成される。

海溝の大洋側には海洋プレートがあり、その表面は深海底となっていて、中央海嶺《かいれい》で生成された玄武《げんぶ》岩《がん》の上に、放散虫の遺骸からなるチャートや泥などの遠洋性堆積物が積もっている。

また、深海底にそびえる海底火山からなる海山の

富士山をもっと知るためのコラム

頂部には、サンゴ礁が発達し石灰岩が形成されている。

海洋プレートとともに海溝まで移動した遠洋性堆積物や石灰岩などは、海洋プレートが沈み込むさいに剝ぎ取られて、海溝の陸側斜面の地下にへばりつく。

一方、陸側から供給された陸源性の砂や泥は海溝にとどまるが、沈み込む海洋プレートに引きずられて、同じように海溝の陸側斜面に掃きよせられる。こうして、海溝の陸側斜面の地下には、深海底起源の堆積岩や陸地起源の堆積岩などからなる、大規模な堆積体が形成される。

これを付加体とよぶ。

中生代以降プレート沈み込み境界に位置してきた日本列島は、基本的に中生代以降の付加体から構成されている。

付加体の形成プロセス

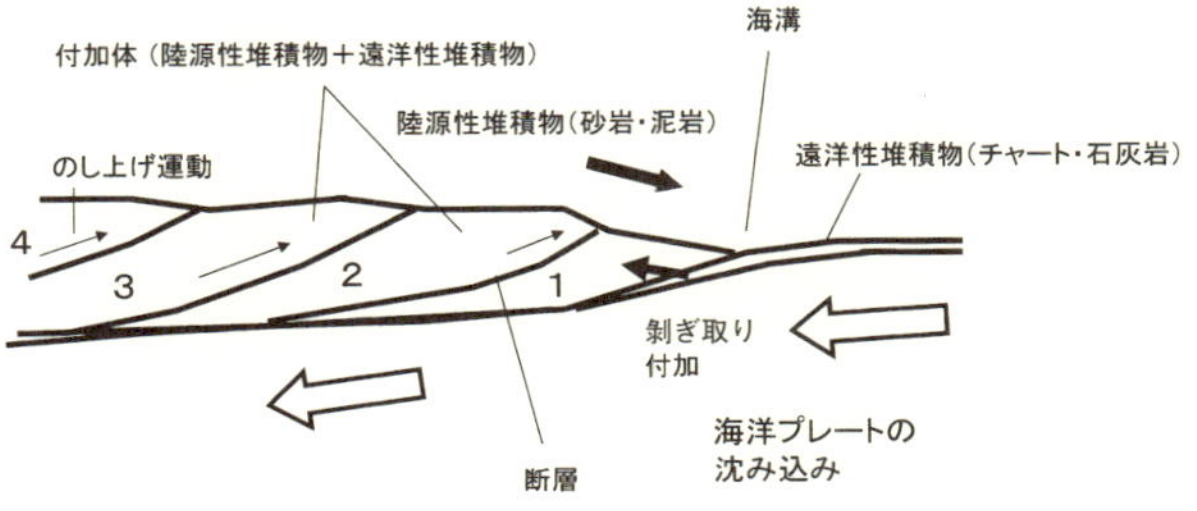

沈み込む海洋プレートの表層部に分布する遠洋性堆積物（泥やチャートやサンゴ礁などからなる石灰岩で構成される）は、陸側から海溝付近に流入した砂岩や泥岩からなる陸源性堆積物とともに、プレートの沈み込み運動によって剝ぎ取られ、海溝の陸側に付加される。付加体は陸側に押し付けられ断層によって断ち切られ次々と海側にのし上げ重なっていく。断層によってはさまれた付加体は、1から4へと海溝から遠ざかるほど時代が古くなる

3 富士山はなぜそこにあるのか――富士火山の地下構造をさぐる

富士山は日本列島最大の第四紀火山である。なぜこのような巨大な火山が生まれたのだろうか。じつは富士山が生まれた場所にその大きな秘密が隠されている。

富士山周辺の大地形――駿河《するが》トラフと相模《さがみ》トラフ

図1は富士山周辺の地形を表わした接峰《せっぽう》面図である。接峰面図とは、実際の地形に風呂敷をかぶせて、細かな地形がみえなくなるようにしておいて、その上から等高線を描いたような一種の地形図で、地形の大きな特徴を把握するのに便利である。この図では陸上部分だけでなく、さらに海水を取りのぞいた状態の海底地形まで同時に表現されている。

まず目につくのは、伊豆半島西方に位置する南北にのびる深い直線的な巨大な谷である。この谷は駿河トラフと名づけられている。駿河トラフを南方にたどると、西方にのびる幅広い谷へとつながっているのがわかる。この谷が南海トラフである。

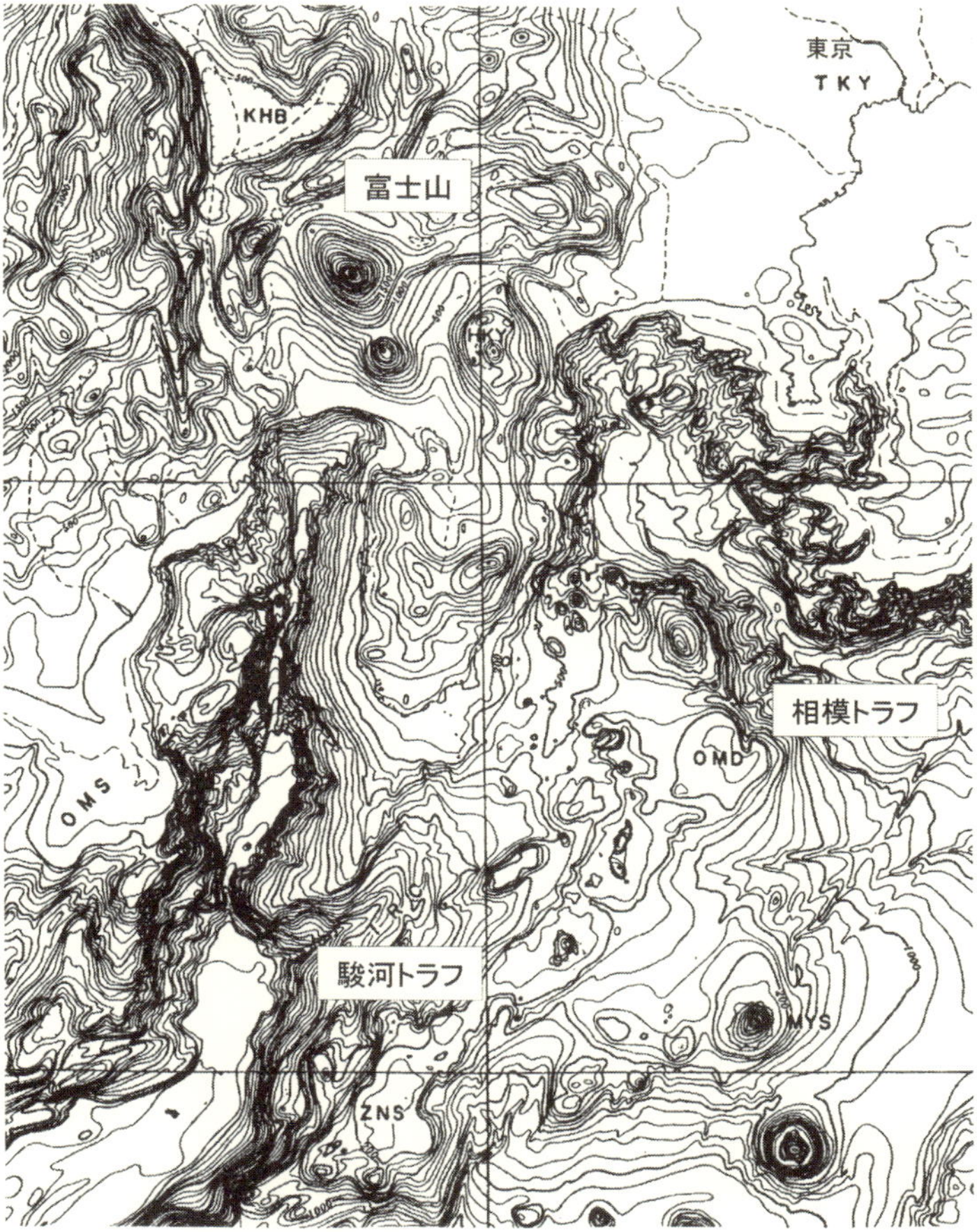

図1　富士山周辺地域の大地形の接峰面図と海底地形図 ［(1)より］

駿河トラフを北上すると、やがて富士川河口付近で陸に上がる。この付近から富士山西麓にかけては、富士川河口断層帯と名づけられた活断層群が発達している。新幹線の富士川鉄橋は、この活断層の上を通過している。富士川河口断層帯はその大部分が逆断層であり、東側が落ち込んで西側が隆起している。最近の調査によれば、富士川河口断層群は千数百年に一回程度活動しているらしい(2)。

この断層の活動で隆起したのが、羽鮒《はぶな》丘陵や星山《ほしやま》丘陵である。これらの丘陵の頂部には富士山からもたらされた泥流《でいりゅう》堆積物が堆積しており、これらの丘陵がわずか一〇万年程度の間に数十メートル以上隆起したことを示している。富士川河口断層帯は富士山西麓までその存在を確認できる。

伊豆半島の東方にもやはり幅広い谷が発達している。この谷は相模トラフとよばれている。相模トラフを北上すると小田原付近で上陸する。ここには国府津《こうづ》・松田断層帯とよばれる活断層帯が発達している。国府津・松田断層は逆断層であり、西方の足柄《あしがら》平野側が沈降し、東方の大磯丘陵側が隆起しており、両者の境界は長く続く崖となっている。国府津・松田断層帯も第一級の活断層であり、最近の調査によると一五〇〇年から八〇〇年に一回程度の割合で活動しているらしい(3)。

国府津・松田断層帯は北方で東西にのびる神縄《かんなわ》断層帯に連続している。神縄断層は西方で富士山東麓に達している。

地球上唯一のプレートの三重会合点にある富士山

伊豆半島を取り巻くように分布する駿河トラフ、富士川河口断層帯、神縄断層、国府津・松田断層帯、相模トラフは、南側のフィリピン海プレートと北側の北アメリカ（オホーツク）プレートおよび西方のユーラシア（アムール）プレートの収束プレート境界となっている。

富士山西方の富士川をさかのぼると、南アルプスの東側の甲府盆地との境界に急崖が発達している。ここには糸魚川《いといがわ》・静岡構造線という日本列島を横断する第一級の断層が走っている。この断層もまた、東側の北アメリカプレートと西側のユーラシアプレートの収束プレート境界となっている。

このように富士山の付近は、北アメリカプレート、ユーラシアプレート、フィリピン海プレートの三つのプレートの収束境界が交わるプレート境界三重会合点となっている。現在の地球上には、収束プレート境界の三重会合点はこの付近にしか存在せず、ここは地球上で唯一のきわめてユニークな地点ということができる。富士山は、まさにこうしたユニークなプレート収束境界三重会合点に噴出していることになる。つまり富士山は、地球上の特異点を代表している火山ともいえるのである。

沈み込むフィリピン海プレート

図2は富士山周辺地域の深発地震面の分布を示したものである。駿河トラフから西方に向かって斜めに

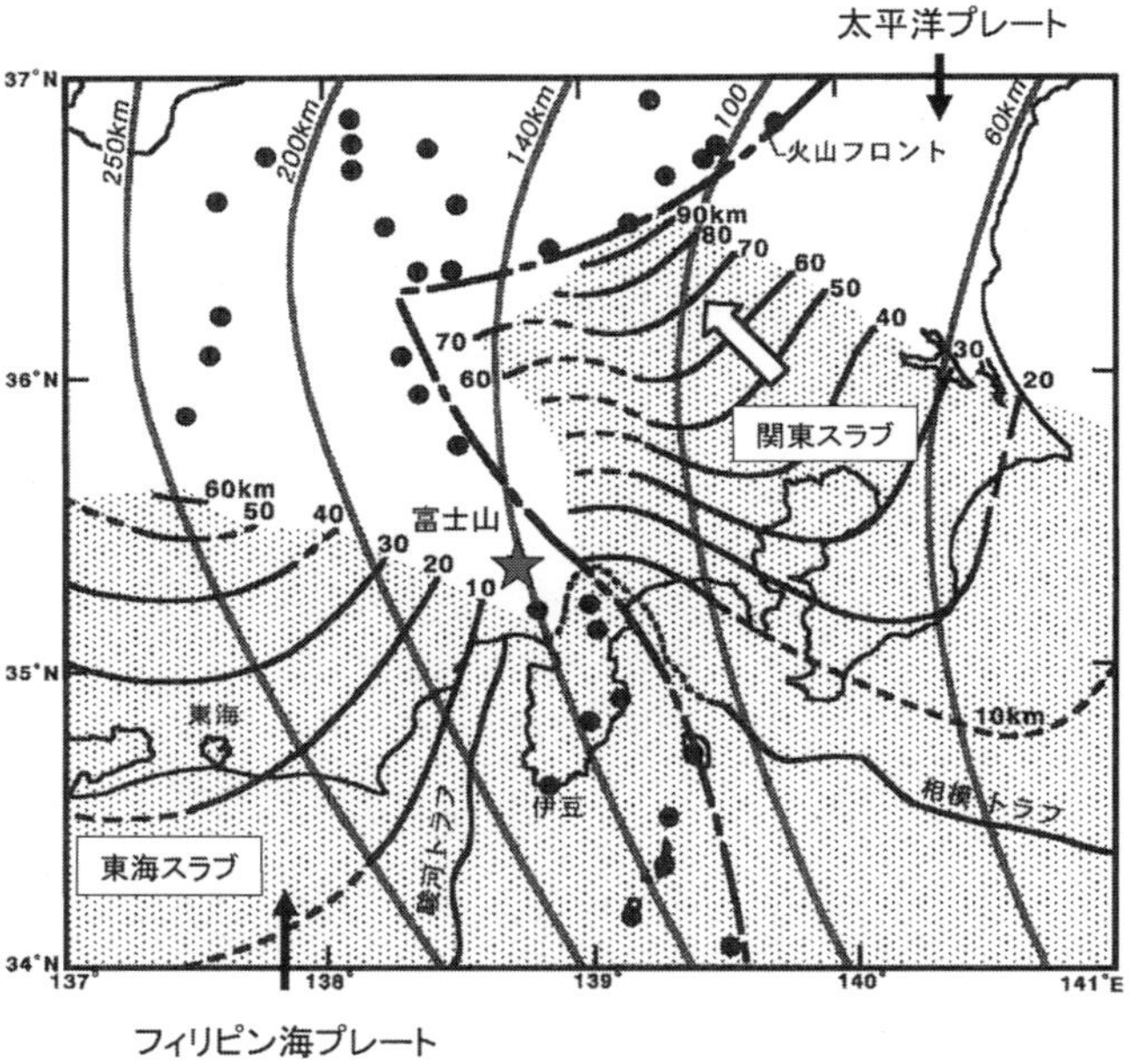

図2　富士山直下の沈み込みプレート(深発地震面)の配置

[(4)をもとに作成]

東方からは太平洋プレートが深くまで沈み込んでいる

駿河トラフおよび相模トラフから沈み込んだフィリピン海プレートは、富士山直下で東西に裂けているようにみえる

相模トラフからは関東スラブが、駿河トラフからは東海スラブが、それぞれ沈み込んでいる

数字は深発地震面の深さ（km）、白い矢印はフィリピン海プレートの運動方向、黒丸は第四紀火山を示す

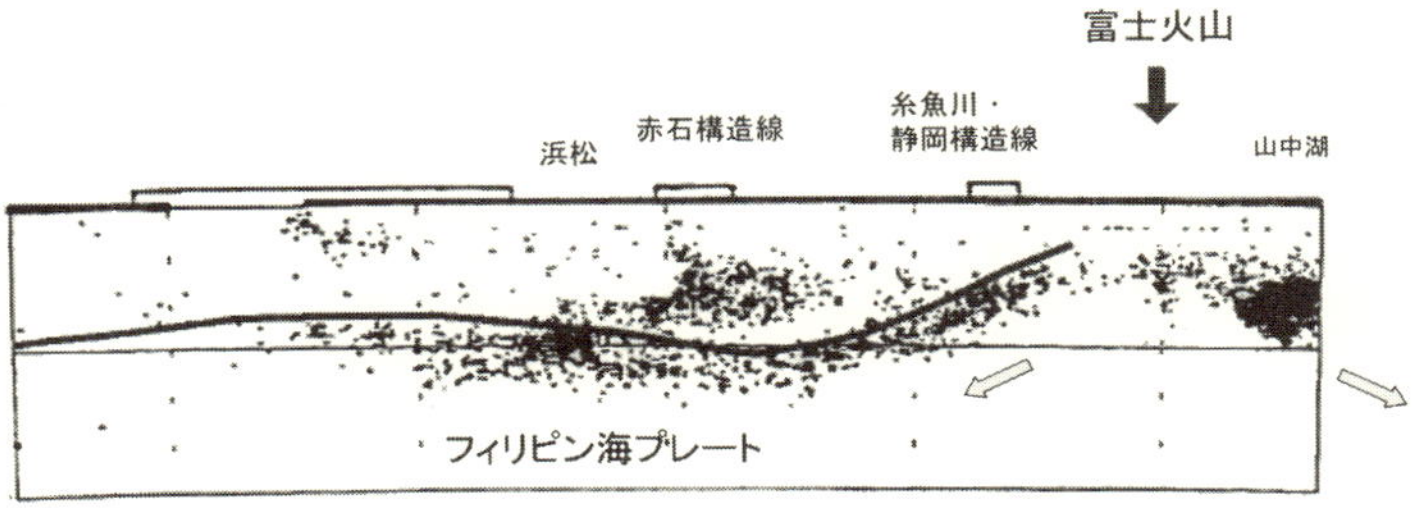

図3　富士山直下のフィリピン海プレート上面を表わす深発地震面の分布［(5)をもとに作成］
西方には東海地震の震源となる東海スラブが、東方には関東スラブが沈み込んでおり、その結果、富士火山直下の下部地殻は東西方向に拡大しているらしい。富士火山直下の震源は火山性の低周波地震

分布する深発地震面を構成するのが、東海スラブとよばれる沈み込んだフィリピン海プレートの一部である。

一方、相模トラフから東方に向かって斜めに分布する深発地震面を構成するのが、関東スラブとよばれるフィリピン海プレートの一部である。

東海スラブは西方に、関東スラブは北東方向に運動している。東海スラブと関東スラブの間には、深発地震が起こらない領域（非震域）が存在している。これは沈み込んだ両スラブの運動方向に違いがあるため、両者の間に裂け目ができたためであるとする考えが有力である[4]。

富士山直下の深発地震面

深発地震面の様子を富士山を通る断面でみてみると、**図3**のようになる[5]。富士山の直下約一五キロメートル付近に地震の震源が集中している。この震源集中域の西側には、やや地震活動の不活発な領域があり、そのさらに西側、糸魚川・静岡構造線の直下約一五キロメートル付近から再び震源集中域が始まり、西方に傾斜しながら赤石構造線の直下約三〇キロメートルまで続き、その付近でほぼ水平になって浜松直下からさらに西へと続く。

この地震面が、駿河トラフから沈み込むフィリピン海プレート、東海スラブの上面に相当する。東海地震を起こすと考えられているのが、この東海スラブの沈み込みである。富士山直下の東側にも、やや地震活動の不活発な領域をへだてて、東方へ傾く震源の集中域がみられる。これが相模トラフから沈み込むフィリピン海プレート、関東スラブに相当する。富士山直下では、深さ一五キロメートル以深の中下部地殻はフィリピン海プレートに属しており、一五キロメートル以浅の上部地殻とは別物ということになる。

裂けるプレート――ミニ中央海嶺《かいれい》

富士山直下の地震は火山性の低周波地震であり、プレート上面で生ずる普通の地震とは異なる。こうし

◇プレートテクトニクスと中央海嶺◇

地球の表層部は固いプレートによっておおわれている。プレートは中央海嶺で生産されるが、中央海嶺から遠ざかるにつれて冷えて重くなり、最後は海《かい》溝《こう》で地球内部へと沈み込んでいく。

プレートは移動していることが知られているが、その原動力としては、重くなって沈み込んでいくプ

富士山をもっと知るためのコラム

レートの引っ張る力がもっとも重要であると考えられている。これは、テーブルクロスをある程度ずり下げると、後は自重でずり落ちていく現象とよく似ている。

中央海嶺は緩やかな高まりであるが、その頂上には大規模な裂け目と大規模な火山群が発達している。

これは、両側から引っ張られるために中央海嶺を形成する海洋地殻が裂け、そこを埋めるようにマントルから大量の玄《げん》武《ぶ》岩《がん》マグマがたえず上昇してくるためである。

中央海嶺は、地球上でもっともマグマの生産率が高い場所である。富士山直下の下部地殻は、規模ははるかに小さいものの、こうした中央海嶺とよく似た状況に置かれており、いわばミニ中央海嶺とよべるような状態にあるものと考えられる。

中央海嶺の模式図

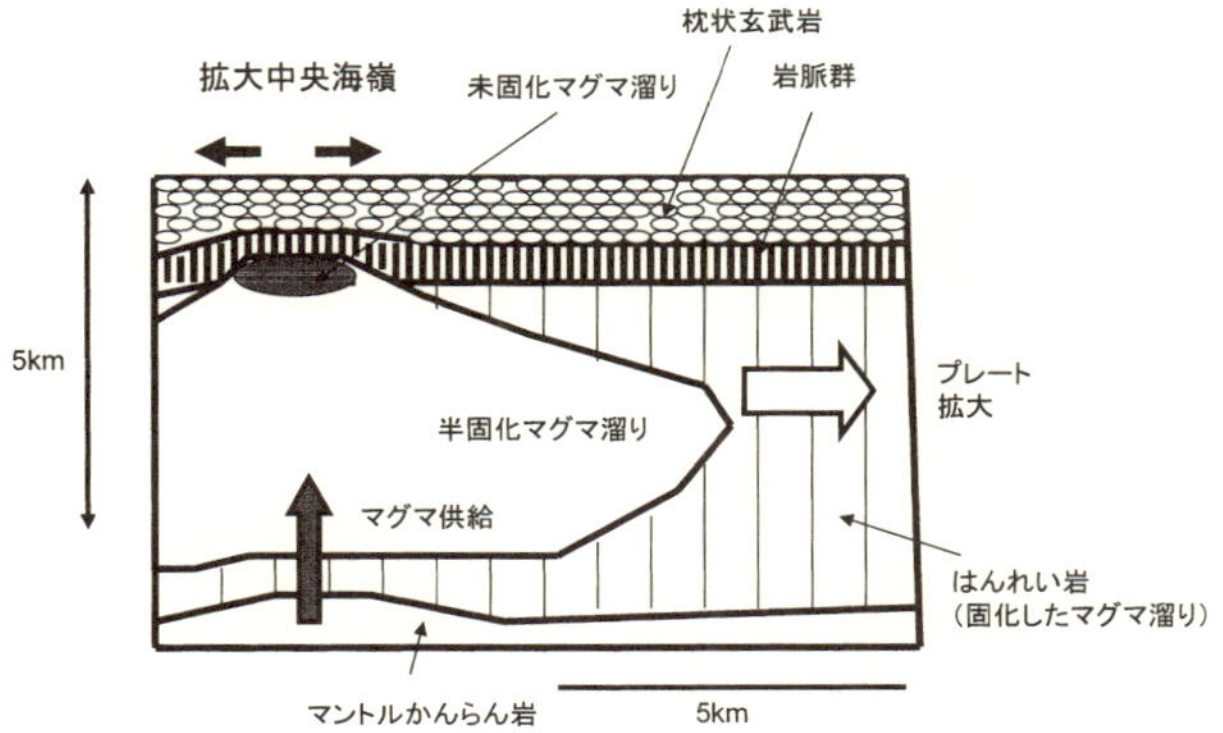

自重で沈み込むプレートに引っ張られて拡大する中央海嶺では、拡大によってできる隙間を埋めるように、上昇してきた高温のマントルかんらん岩が圧力低下によって融解《ゆうかい》し、大量の玄武岩マグマが生成される。マグマはマグマ溜りが固化してできたはんれい岩地殻中に上昇し、そこにマグマ溜りを形成する。マグマ溜りからは岩脈群を通してマグマが海底に噴出し、枕状《まくらじょう》玄武岩溶岩が形成される。固化したマグマ溜り（はんれい岩)、玄武岩岩脈、玄武岩溶岩は、プレートの拡大とともに水平方向に移動し、海洋地殻を形成する

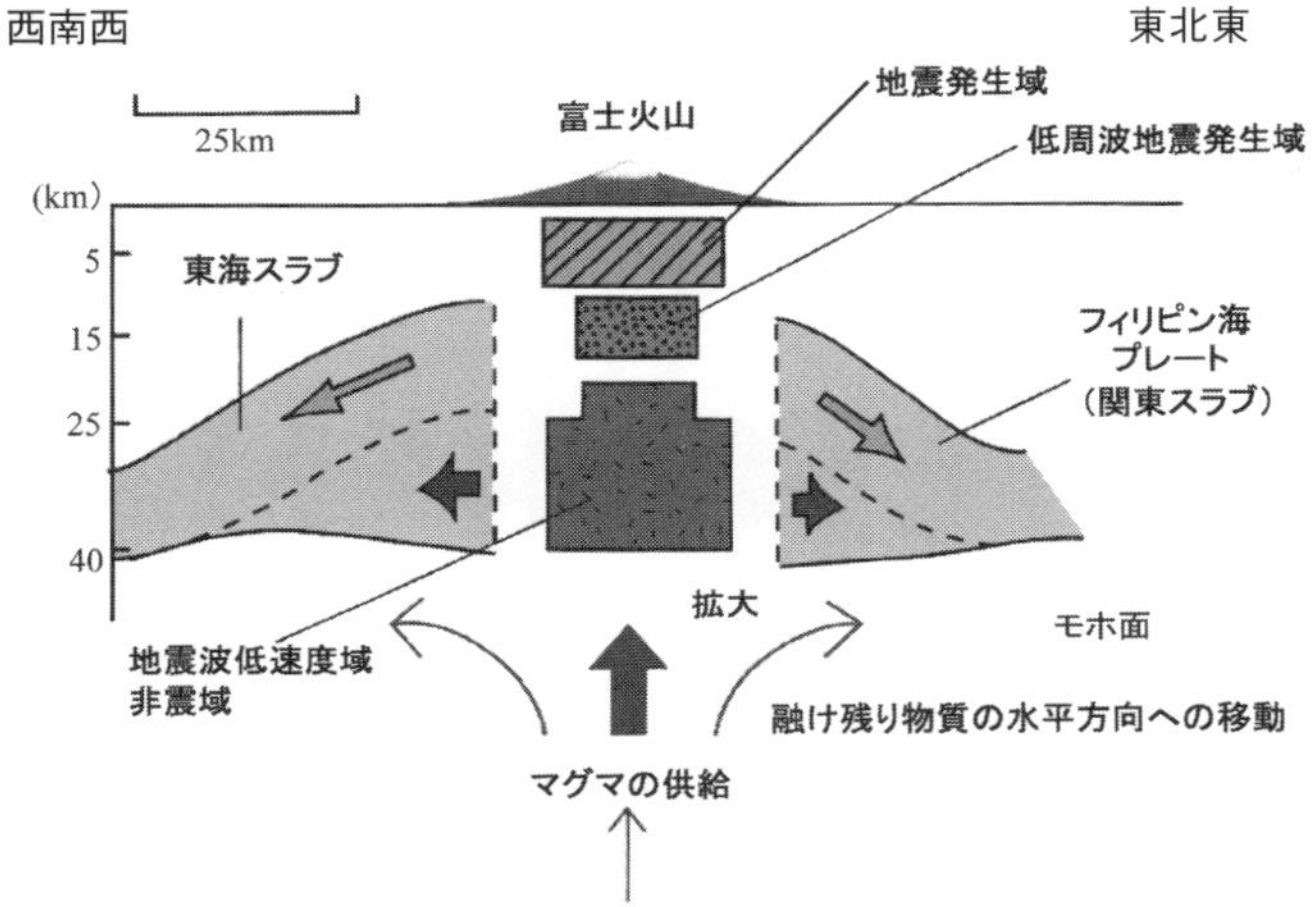

図4　富士山の地下構造

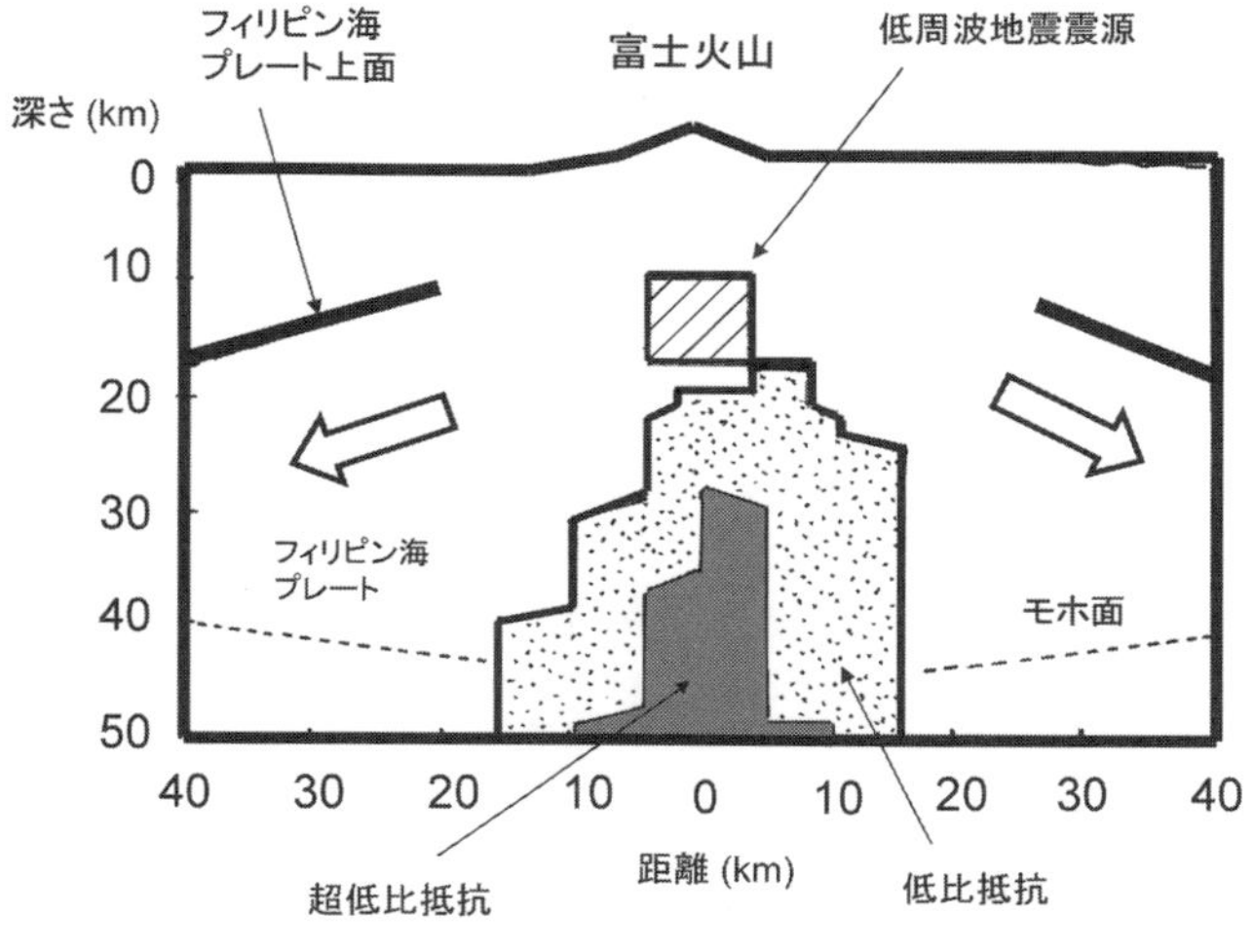

図5　富士山直下の比抵抗構造 [(7)をもとに作成]

た火山性の地震をのぞくと、富士山の直下は地震のきわめて少ない領域になっている。

富士山の直下では、フィリピン海プレートがあたかも東西に裂けているようにみえる。富士山直下では、深さ一五キロメートル付近を境にして、上部地殻と下部地殻がふるまいを異にしており、フィリピン海プレートの沈み込みに応じて、下部地殻はたえず東西に拡大していることになる（図4）。こうした様子は、プレートの拡大境界にあたる中央海嶺とよく似ている。富士山の直下は、ミニ中央海嶺ともいうべき状態に置かれているらしい。

このことは地震波速度構造や比抵抗構造にも表われており、富士山直下の深さ二五キロメートル以深には、顕著な地震波低速度域や低比抵抗域が発達している（図5）。地震波低速度域や低比抵抗域の存在は、マグマなどの流体がこの領域に分布していることを示しており、この領域が上部マントルから上昇してきたマグマによって満たされていることが示唆される。[6][7]

マグマ供給の仕組み

富士山の直下には、深さ一五キロメートル付近に低周波地震の頻発する領域がある（図6）。とくに二〇〇〇年から二〇〇一年にかけては、この低周波地震の活動がきわめて活発であった。[8][9]低周波地震は、マグマや熱水などの流体が関与して起こる特殊な地震であると考えられている。噴火こそ生じなかったが、この時期この付近でマグマ活動が活発化したのかもしれない。

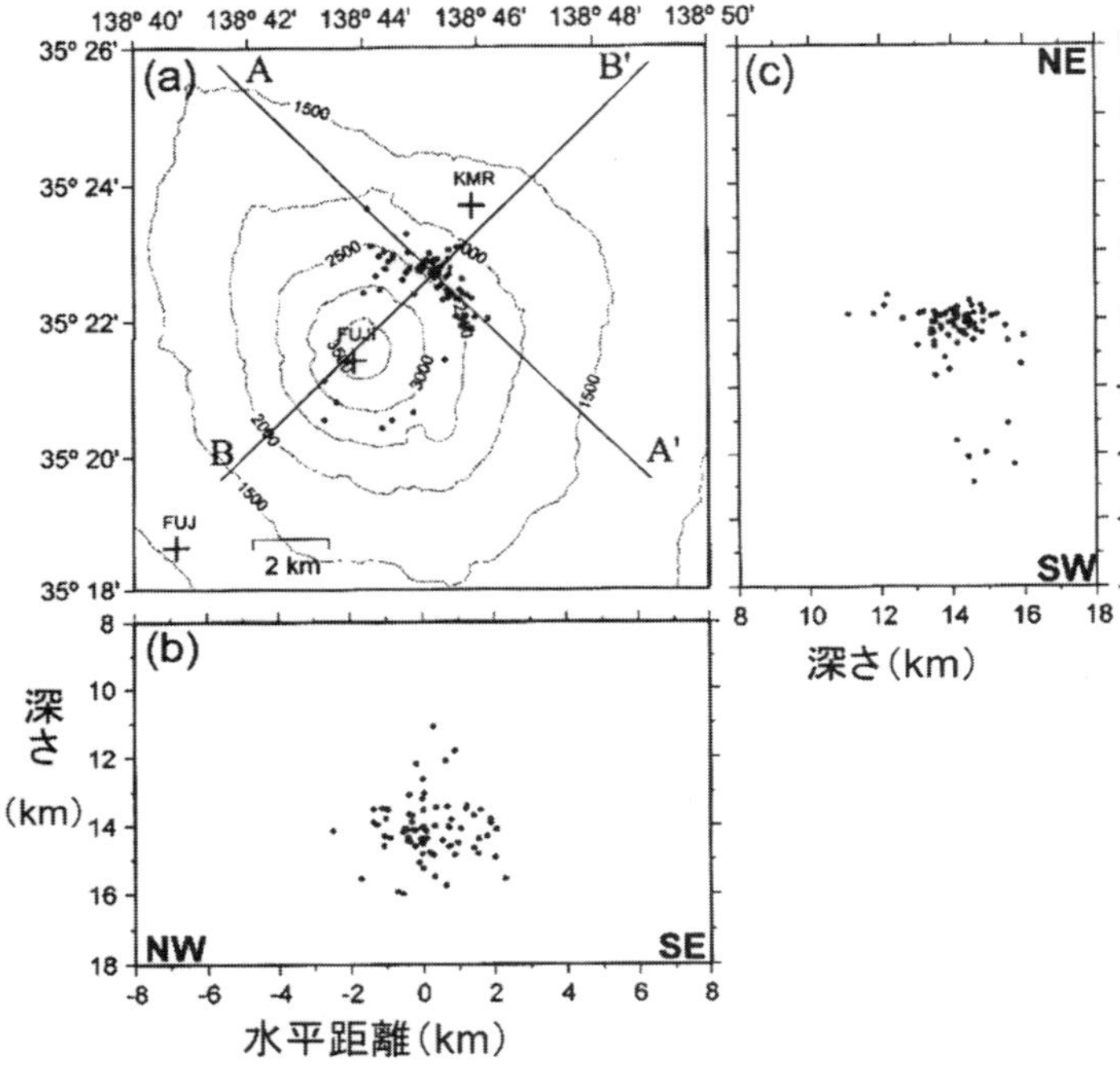

図6　富士山直下の低周波地震の震源分布 [(9)をもとに作成]

低周波地震が生ずるあたりでうごめいていたマグマは、やがてさらに上昇して噴火にいたる。

富士山には山頂の中心火口以外に、山腹や山麓に多数の側《そく》火山があり、頻繁に側噴火が起こる。側火山は直線的に並んだ火口列からなる場合が多い。これは、側噴火が割れ目噴火として生じたことを示している。[10] **図7**には側火山の割れ目火口列の配列方位を示してある。山頂火口を中心として、北西側と南東側に多く、しかも大部分が北西から南東方向に配列している。ただし、全体としては山頂火口に

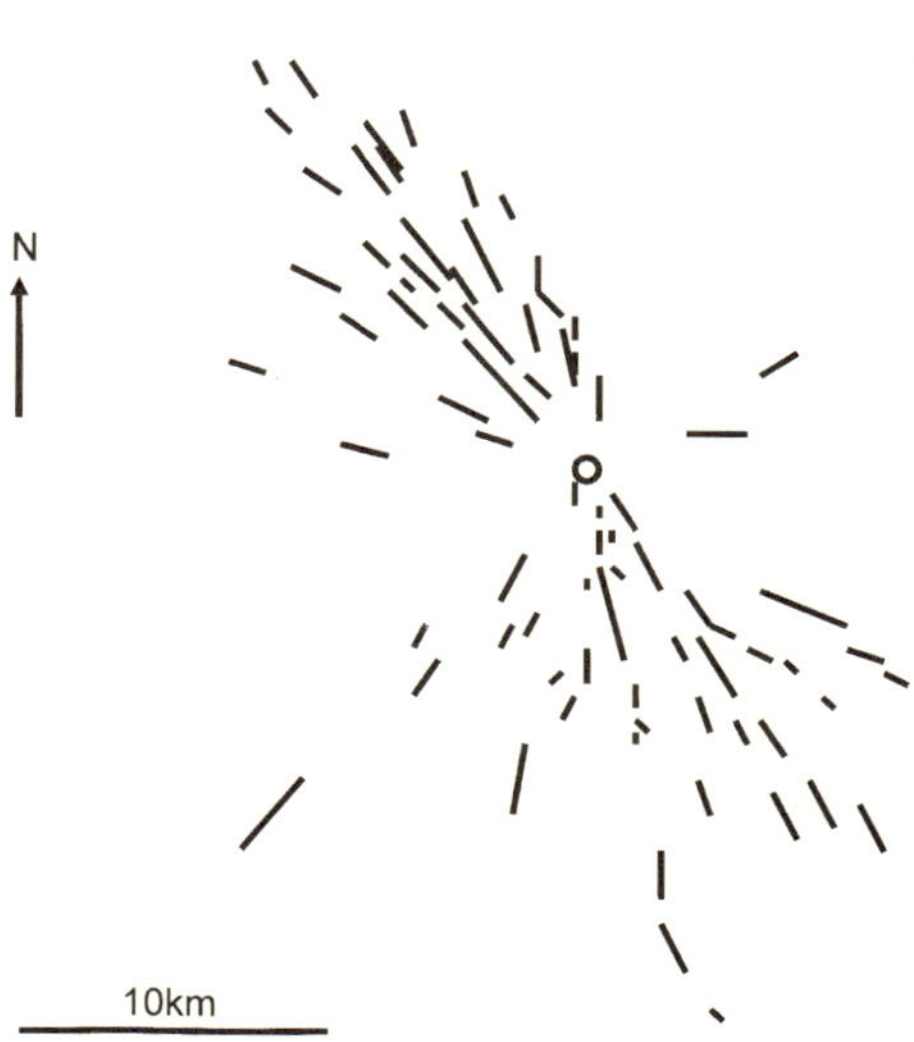

図7　富士山における側火口（割れ目火口）の分布［⑽をもとに作成］

収斂《しゅうれん》し、そこから放射状にのびているようにみえる。

割れ目には、開口割れ目とせん断割れ目がある。開口割れ目とは開いただけで割れ目の面にそってずれがみられないものをいい、せん断割れ目は割れ目の面にそってずれのみられるものである。断層はせん断割れ目である。

開口割れ目は、もっとも強く押された方向と直交する方向、すなわちもっとも弱く押されている方向に開く。一般に、マグマは開口割れ目を通って上昇してくると考えられており、開口割れ目をマグマが満たし、そのまま固化したものが岩脈である。したがって岩脈は、もっとも強く押された方向と直交する方向、あるいはもっとも弱く押されている方向に開くことになる。

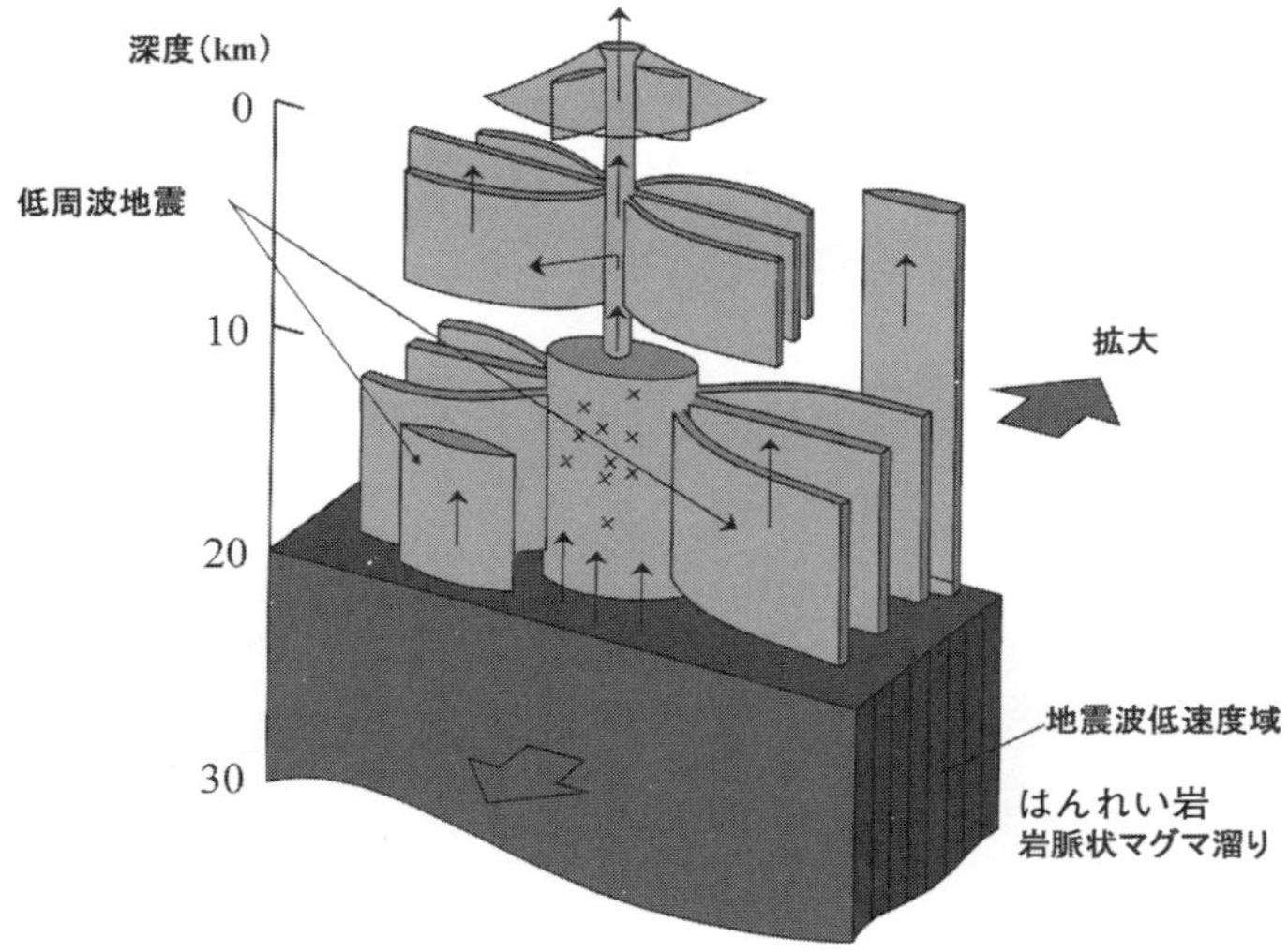

図8　富士山直下のマグマ供給システム

富士山の側火山の割れ目火口列の地下には開口割れ目、すなわち岩脈が存在していることになる。割れ目火口列が北西―南東方向にのびているのは、北西―南東方向に地殻がもっとも強く押されており、それと直交する方向がもっとも弱い方向であることを示している。沈み込むフィリピン海プレートによって富士山直下の上部地殻が北西―南東方向に押されていることが、その原因であると考えられている。

深さ一五～二〇キロメートル付近に存在するマグマ溜りから上昇してくるマグマは、山頂火口直下のパイプ状の中心火道を上昇した後、そこから分岐した岩脈を通って斜めに上昇するか、あるいは中心火道とは独立した開口割れ目を通って上昇し、多数の側火山を形成しているらしい（図8）。

富士山とプレート境界地震

富士山は膨大な量の玄武岩マグマを噴出してきた日本列島でもめずらしい火山であるが、それはこのように下部地殻が拡大することで、上部マントルから大量の玄武岩マグマが地殻内へと上昇することが可能であるからだとするとよく説明できる[(11)]（図4）。そして、そのような条件は、富士山の置かれている場所の特殊性によって生み出されたものと考えられる。

富士山の直下では、フィリピン海プレートに属する東海スラブが西方へ沈み込んでいる。東海スラブの沈み込みはプレート境界地震である東海地震を引き起こす。したがって、東海地震が起きる場合には、必ず東海スラブの沈み込みをともなっており、それが富士山のマグマを供給する仕組みにまったく影響を与えないということは考えにくい。

江戸時代、一八世紀初頭に起きた大規模な宝永《ほうえい》噴火は、駿河トラフや南海トラフで同時に生じたマグニチュード8クラスの巨大地震の発生直後に起こっている。ただし、II－4章で述べるように、駿河トラフで生じた東海地震や南海トラフで生じた南海地震と富士山の噴火との間には、宝永噴火の場合をのぞいて直接的な関係はないようにもみえる。噴火が起こるためには、その引き金となる巨大地震の存在だけではなく、富士山自体が噴火可能な状態に置かれていることが必要なのであろう。

4 富士山の生い立ち

富士山の中味

富士山の下には地表には現われていない火山が隠されている。

東京大学地震研究所が二〇〇一～二〇〇四年にかけて富士山の北東斜面で行なった最深六五〇メートルにおよぶボーリングでは、地表より三二八メートル以上深いところにある土石流堆積物のなかから、後述する小御岳《こみたけ》火山の噴出物とは岩質の異なる角閃石《かくせんせき》をふくむ安山岩《あんざんがん》質の溶岩の破片が多数確認された。これらの溶岩を噴出した火山は、小御岳火山よりも古い時代のものであることから、先小御岳《せんこみたけ》火山とよばれている。(1)

小御岳火山と先小御岳火山の噴出物の間に土壌層が存在することから、両火山の活動期の間には若干の休止期間があったと考えられる。先小御岳火山の活動年代は明らかではなく、おそらく数十万年前と推定されている。ただし、先小御岳火山の岩石は富士山の南東側の愛鷹《あしたか》火山の噴出物によく似ており、この二つの火山がほぼ同時期に活動した可能性は十分に考えられる。愛鷹火山の活動時期は一〇万～四〇万年前といわれている。つまり、一〇万～四〇万年前頃、先小御岳火山、愛鷹火山、そして同じくこの時期に活動していたことが知られている箱根火山の三つの火山が、そろって噴火活動をくり返していたものと考えられる。

地表に姿をみせている小御岳火山

富士山を東側の山中湖のほうからみると、北側の中腹に肩のように盛り上がった部分がある。この部分は小御岳火山とよばれる古い火山の一部である。前述したボーリングから、おもに土石流堆積物からなる先小御岳火山の噴出物をおおう、複数の小御岳火山の溶岩が確認された。小御岳火山の溶岩は現在の富士山と同じ玄武岩《げんぶがん》質であり、先小御岳火山の噴出物とは岩質が異なる。小御岳火山は短時間のうちに、厚さが一メートル程度の薄い溶岩流をくり返し噴出した。

富士山北斜面の富士吉田口五合目から登山道を東に進んだところにある標高二二五〇メートルの泉が滝付近の崖では、小御岳火山の溶岩が南側に傾いている様子をみることができる。一方、これをおおう、より新しい時期の溶岩は現在の富士山の斜面と同じ北側に傾斜している。いろいろな地点で溶岩の傾きを調べた結果、小御岳火山の中心は富士山の北側斜面の富士吉田口登山道五合目にある小御岳神社の東方付近と考えられている。[2] 小御岳火山の活動時期も不明だが、現在の富士山が活動を開始する一〇万年前までに

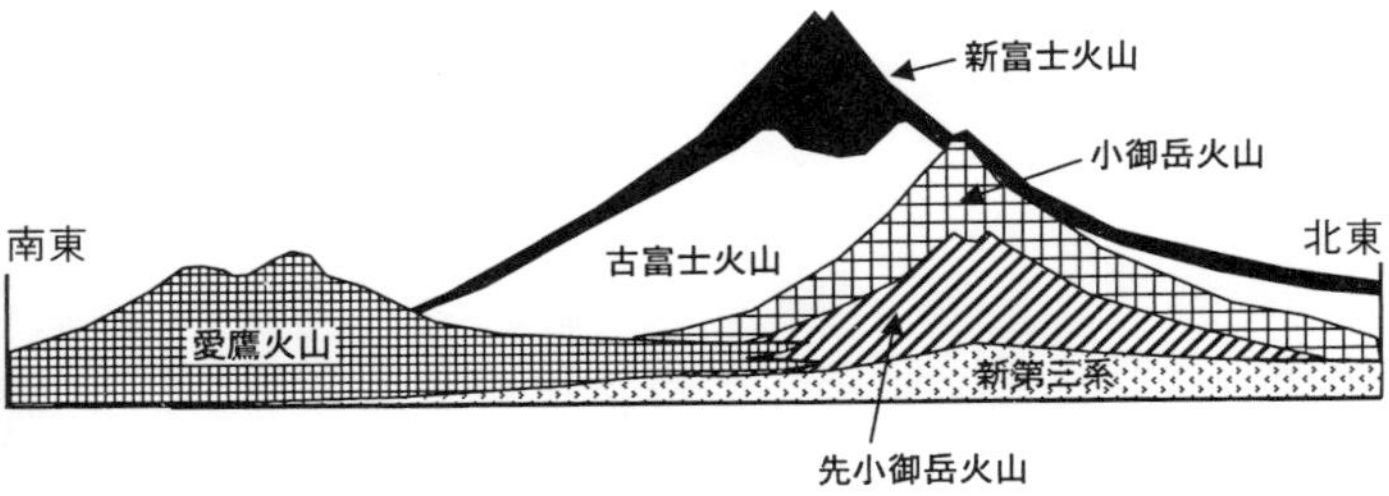

図1　富士山の構造 [(1)(4)をもとに作成]
富士火山は新富士火山と古富士火山からなり、その下には小御岳火山と先小御岳火山が隠されている

は活動を終えている。

約一〇万年前に小御岳火山の南斜面上で噴火活動が始まり、現在の富士火山が形成された。富士火山は噴火の様式が約一万年前に変化したため、一万年前までを古富士火山、それ以降を新富士火山とよんでいる。(3) このように、富士山は第三紀の堆積物の上に形成された、先小御岳火山、小御岳火山という二つの火山を基盤とし、その上に古富士火山と新富士火山が重なってできた火山なのである（**図1**）。

降下テフラを噴出しつづけた古富士火山

古富士火山は、時々は溶岩を流出させたものの、主として山頂火口からくり返し火山礫《かざんれき》とよばれる小石サイズのマグマが冷え固まり砕けた破片や、火山灰とよばれる砂サイズ以下の破片を、爆発的な噴火により高く立ち昇った噴煙とともに噴出して成長した。

このような火山礫や火山灰は、まとめてテフラと名づけられており、とくに空中を落下して堆積したものは降下テフラとよばれる。

「テフラ」とはギリシャ語の「灰」の意味である。火山礫のうち、マグマからガスが抜けた穴を多数もち、色が黒っぽいものをスコリアとよび、白っぽいものを軽石とよぶ。

富士山のテフラの大部分はスコリアである。一万〜一〇万年前までの間に、こうした噴火により約一四〇層におよぶ降下テフラ層が形成され、さらに偏西風によって火山灰の多くは南関東一円に堆積した。これらの火山灰が風化してできたのが、関東ローム層のうちの立川ローム層である。立川ローム層は赤土《あかつち》ともよばれ、東京付近では表層の黒土《くろつち》の下に堆積している（Ⅳ－3章参照）。

くり返された山体崩壊

活動後期には、山体の一部が崩れ落ちる山体崩壊も何度か起きている。その原因は明らかではないが、山体が成長するのと同時に熱水により内部に変質帯が発達すると局所的に脆弱になり、地震やマグマの上昇にともなう岩石の破壊が引き金となって山体崩壊が発生したと考えられる。そして山体崩壊物は二次泥流《でいりゅう》となり長期間にわたり山麓の凹地を埋め、火山麓扇状地をつくった。山麓で古富士泥流堆積物とよばれているものの多くは、この山体崩壊堆積物、ないしその二次泥流堆積物である。

大量の溶岩の流出

約一万三〇〇〇年前になると、山頂火口および北西―南東方向にのびる割れ目火口から膨大な量の溶岩が流出しはじめた。これらの溶岩はおよそ八〇〇〇年前まで流出を続けた。このため、新富士火山と古富士火山の境界を一万三〇〇〇年前とする考え方もある。

しかし、一万一〇〇〇年前までは、一万三〇〇〇年前以前と同様の性質をもった比較的規模の大きな降下テフラが、断続的に山頂火口から噴出しつづけていたので、ここでは古富士火山の活動時期を規模の大きな降下テフラの噴出が終了する一万一〇〇〇年前までとする。

噴火のデパート、新富士火山

新富士火山は、時代により噴火の場所を山頂火口および側《そく》火口と変化させ、噴出物の種類も時代によって変化し、もっぱら溶岩を噴出するときもあれば、降下テフラを中心とするときもあった。また、噴火のタイプもきわめて多様であり、噴火のデパートとよんでも言いすぎではない。噴火のタイプの違いから、新富士火山の活動時期は、以下のような五つのステージに区分できる（図2）。

広大な裾野《すその》をつくった溶岩噴出期（ステージ1：八〇〇〇～一万一〇〇〇年前）

約一万一〇〇〇年前になると降下テフラの噴出は終わり、山頂火口および北西—南東方向にのびる火口列から膨大な溶岩の噴出が続いた。これらの溶岩は新富士火山旧期溶岩とよばれ、粘り気が小さいためしばしば大きな気泡をふくみ、直径一センチメートルを超える斜長石《しゃちょうせき》の斑晶《はんしょう》（地下のマグマ溜りでゆっく

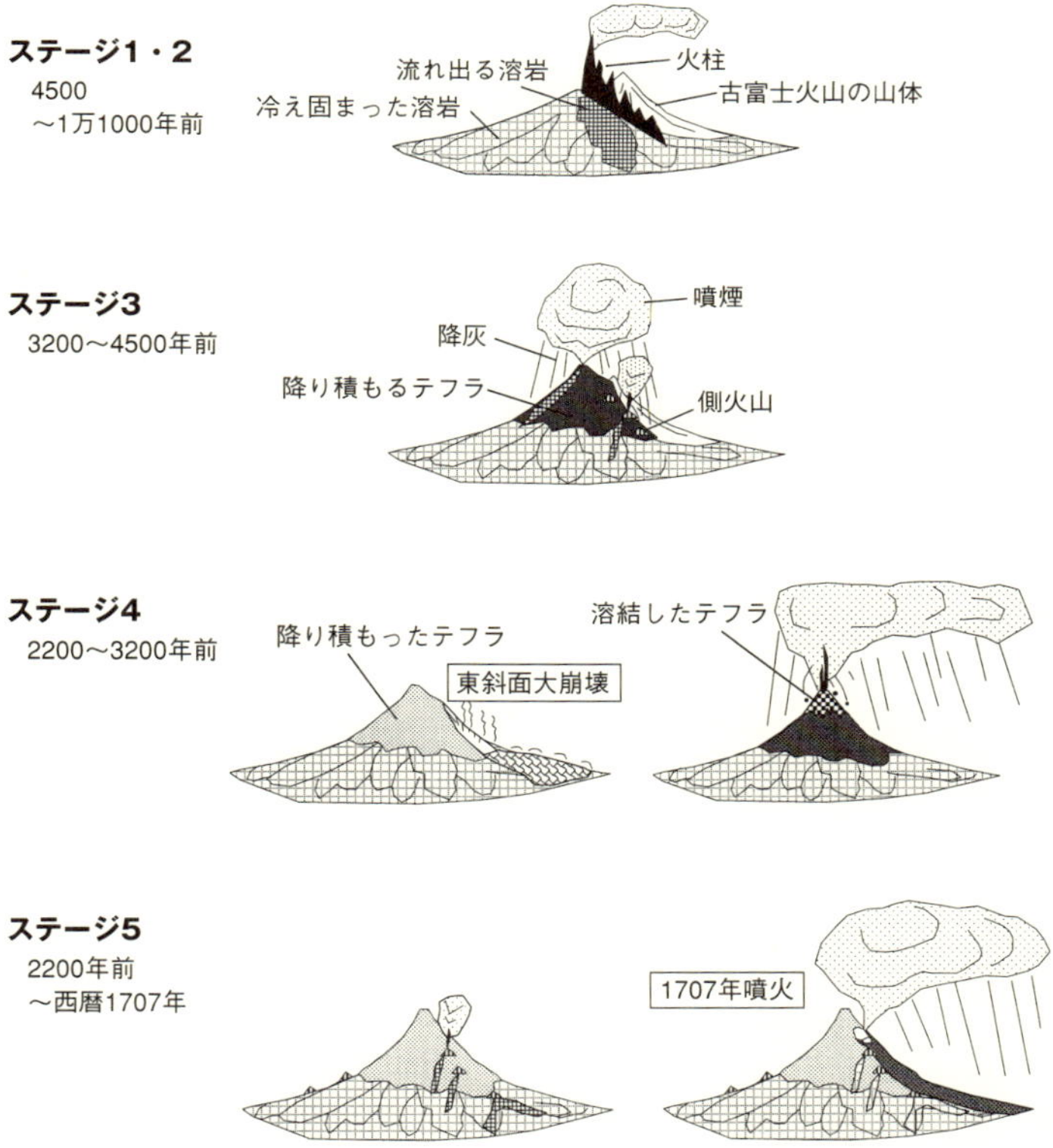

図2　新富士火山の噴火ステージ ［(5)をもとに作成］
新富士火山の噴火ステージは大きく5つの時期に分けられる
ステージ1・2：広大な裾野をつくった溶岩噴出期とそれに続く小規模噴火期
ステージ3：ほぼ現在の姿ができ上がった山頂・山腹噴火期
ステージ4：山頂でくり返された爆発的噴火期
ステージ5：山腹噴火期

り成長してできた大きな鉱物）をふくむこともめずらしくない。

約一万一〇〇〇年前に富士山南東斜面の割れ目火口から噴出した三島溶岩は、現在の黄瀬川《きせ》ぞいに流下し、沼津平野にまで達した。厚さが一メートル程度の薄く広がりやすいパホイホイ溶岩（77ページ）が積み重なったもので、三島市南部では五〇メートルの厚さに達している。三島駅前の楽寿園《らくじゅえん》では、三島溶岩の表面に、溶岩の粘り気が小さい時にできる明瞭な縄状の模様を観察することができる。

八〇〇〇年前に噴出した猿橋《さるはし》溶岩は北東山麓を流れ下り桂川《かつら》に流入し、山頂から約四〇キロメートル離れた猿橋まで達した。旧期溶岩の総噴出量は約三九立方キロメートルにおよび、これらの溶岩は東側山麓をのぞくすべての方向に流下して富士山の裾野を拡大させた。

黒土層をつくった小規模噴火期（ステージ2：四五〇〇〜八〇〇〇年前）

富士山の開発が進んだ一九七〇〜八〇年代には、土砂採取場の跡などに巨大な露頭が出現した。これらの露頭では、厚さが二〜三メートルもある真っ黒な腐植質の土壌層が帯状に続くのを観察できた。この土壌層は富士黒土層《ふじくろつちそう》とよばれるもので、場所によりその形成年代は異なるものの、この時期に形成されたものが多い。

よく、土壌の形成期は火山活動の休止期といわれるが、この場合もそうだろうか？　富士黒土層を山頂側に追跡していくと、土壌はしだいに褐色になり、その間には多数の薄いスコリア層がはさまれるようになる。つまり、富士黒土層の母材は降下スコリア層であり、土壌の形跡時期に火山活動は休止していたのではなく、小規模なテフラが間欠的に噴出していたことになる。とくにこのステージの後半にあたる四五〇〇～五〇〇〇年前には、規模の大きな赤色スコリアなどのテフラや火砕サージなどを噴出する爆発的な活動もくり返された。

富士山を現在の姿にした山頂・山腹噴火期（ステージ3：三二〇〇～四五〇〇年前）

四五〇〇年前になると、山頂火口から多量の溶岩をくり返し噴出するようになった。これにより、富士山は急速に標高を増し、三二〇〇年前には現在とほぼ同じ高さまで成長した。この時期の溶岩は中期溶岩とよばれ、その多くは富士山の北西―南東方向および西斜面に流下した。中期溶岩は噴出量が約三立方キロメートルで、比較的粘り気が大きい溶岩によくみられるブロック状溶岩からなる。また、山体の北西―南東方向を中心に多数の側火山も形成された。富士山の西斜面では中期溶岩が堆積しては崩れ落ちて土石流となり、現在の大沢崩れの下流側に、上井出《かみいで》扇状地とよばれる広大な扇状地形の原型をつくった。

山頂でくり返された爆発的噴火期（ステージ4：二二〇〇～三二〇〇年前）

二二〇〇～三二〇〇年前になると、山頂火口を中心に比較的規模の大きな爆発的噴火がくり返し発生した。三二〇〇年前には大沢火砕流《かさいりゅう》2とよばれる、山頂噴火にともなう比較的規模の小さな火砕流が西側斜面を流れ下った（**口絵3**）。二九〇〇〜三〇〇〇年前には、山頂火口から南西麓に大沢スコリアが、大《おお》室山《むろやま》から北麓に大室スコリアが、南東斜面から東麓に砂沢《ずなさわ》スコリアが噴出した。これら三つの降下テフラ層は近接した時代にあいついで噴出し、富士山のほぼ全域をおおったため、約三〇〇〇年前の時代を示す有力な指標となっている。

二九〇〇年前には東側斜面に存在したと思われる古富士火山の山体の一部が崩壊し、御殿場岩屑《ごてんばがんせつ》なだれが発生した（Ⅱ−3章参照）。この崩壊後の凹地は、その後の噴火で堆積した降下テフラなどにより埋めつくされた。

山頂部では降下テフラの噴出の合間に溶岩流も流出したようで、山頂にある大内院《だいないいん》とよばれるもっとも大きい火口の断面には、二段の溶岩棚《ようがんだな》を観察できる。これらの溶岩棚はかつて大内院火口を溶岩が満たしてできた溶岩湖の表面の地形であり、溶岩棚が二段あることから、溶岩湖の水位は高い時期や低い時期があったことがわかる。

富士山は二二〇〇年前に山頂火口から最後の大規模なマグマ噴火を発生させ、山麓には湯船《ゆぶね》第二スコリアとよばれる降下スコリアを堆積させた。この噴火では山頂部に堆積した高温の溶結したスコリアが、山頂の表層を一様な厚さでおおっており、一見溶岩のようにみえる。また、急斜面に堆積した溶結スコリアの一部は、堆積直後に流動して普通の溶岩流と同じように斜面を流れ下った。この噴火以降、山頂火口では小規模な水蒸気爆発は発生しているものの、大規模なマグマ噴火は現在まで発生していない。

現在まで続く？　山腹噴火期（ステージ5：二二〇〇年前～西暦一七〇七年）

湯船第二スコリアの噴出以降、山体の北西—南東方向および北東方向の斜面や山麓に多数の側火山が形成され、比較的規模の小さな溶岩や降下テフラが噴出した。二二〇〇年前以降の溶岩は新期溶岩とよばれている。新期溶岩は側火山や側火口から噴出し、その大半は小規模なものであった。

文書記録が残されるようになってから、富士山では一〇回以上の噴火があったと思われるが、戦国時代は史料が欠けていたりして、じつは正確な回数はわかっていない。また噴火があったとしても、その噴火により、現在分布するどの溶岩やテフラが噴出したのか現状ではほとんどわかっていない。

八〇二～八〇四（延暦《えんりゃく》一九～二一）年の噴火では、古代の東海道であった足柄《あしがら》路が降灰により埋まったため、その南側に現在の東海道にあたる箱根路が新たに開かれたといわれている。このときの噴火は火山灰の分布などから北東斜面の側火山で起きたと考えられている。

八六四（貞観《じょうがん》六）年の噴火では、北西山麓の氷穴—長尾山—石塚—下《くだ》り山の六キロメートルにおよぶ火口列から膨大な溶岩（青木ヶ原溶岩）が噴出し、溶岩の一部は北麓にあった「せの海」とよばれる湖に流入した。この結果、せの海は二つに分断され、東側の西《さい》湖と西側の精進《しょうじ》湖が誕生した。溶岩の一部は本栖《もとす》湖にも流入した（Ⅱ-2章参照）。史料によれば噴火は八六四年六月に始まり、七月には溶岩はせの海に達し、一〇月にはせの海は埋め立てられた。地表調査およびボーリング調査により、この噴火で噴出し

たマグマの総量は歴史時代の噴火では最大の一・四立方キロメートルにおよぶことが明らかになっている。(6)

一〇〜一一世紀には北斜面に剣丸尾《けんまるび》火口とよばれる長さ三キロメートルの火口列が開き、もっとも標高の低い火口の北縁部付近を中心に剣丸尾第一溶岩が噴出した。この溶岩は約二〇キロメートル流下し、現在の富士吉田市街地の北部に達した。最近の調査によれば、この噴火では同時に南斜面にも火口列が開き、不動沢《ふどうざわ》溶岩とよばれる溶岩が流出した。このような南北同時噴火は、一一世紀頃にも発生し、北側斜面の牛《うし》が窪《くぼ》火口からは剣丸尾第二溶岩が、南斜面の割れ目火口からは日沢《にっさわ》溶岩が山麓に流れくだった。(7)

北側斜面では剣丸尾第二溶岩の上位に、大流丸山《おおながれまるやま》溶岩などが分布する。このような溶岩は一一世紀ないし一二世紀以降の噴火で噴出した可能性が高いが、その実態は明らかではない。

一七〇七年一二月一六日に南東斜面で大規模な爆発的噴火が発生し、宝永《ほうえい》第一〜第三火口が形成された。噴火は翌一七〇八年一月一日まで続き、降下テフラ（宝永スコリア）は南関東一円をおおった。その総噴出量は〇・七立方キロメートルで新富士火山の降下テフラのなかでは最大規模である。

一一世紀頃の噴火以降、一七〇七年の噴火までは、おおむね三〇〇〇メートル以上の高い標高に火口が開き噴火が発生したと思われる。このような高い標高の地点の噴火は基本的には山頂噴火と変わりないので、すでに山腹噴火の時代は終了し、新たに山頂噴火を行なう時代（ステージ6）に入ったのかもしれない。

森林を焼き急斜面を流れ下った火砕流

富士山ではこれまで、火砕流はあまり発生しなかったと考えられてきた。これは火砕流の発見例が少なかったためである。ただ、火砕流は高温のマグマの破片とガスの混じった流体が時速数十キロメートルの高速で山体を流下するため、これに備えることは防災上きわめて重要な課題である。このため富士山ハザードマップ検討委員会では、過去の火砕流の発生事例を検討するために、富士山北東斜面の滝沢付近で火砕流の調査を行なった。

火砕流堆積物は富士山を刻む沢の壁面に断片的に残されているだけであったため、なかなかその分布や地層の重なる順序を明らかにすることが困難であったが、調査を積み重ねた結果、最終的には約一五〇〇～一七〇〇年前に発生した滝沢火砕流Bをはじめとする複数の火砕流堆積物が発見された（**図3**）。

今回発見された火砕流堆積物は、いずれも分布が沢ぞいの狭い範囲に限られており、その最下部には火砕サージとよばれる高温の砂嵐の堆積物も認められ、そのなかにはしばしば炭化した木片が多数ふくまれていた。また、火砕流堆積物のなかにはしばしば溶結したスコリア塊がふくまれており、滝沢の上流域には崩壊したスコリア丘の残骸が残されている。これらの結果から、滝沢火砕流Bは、急斜面にいったん堆積したスコリア丘が崩壊して発生したものである可能性が高いと考えられる。

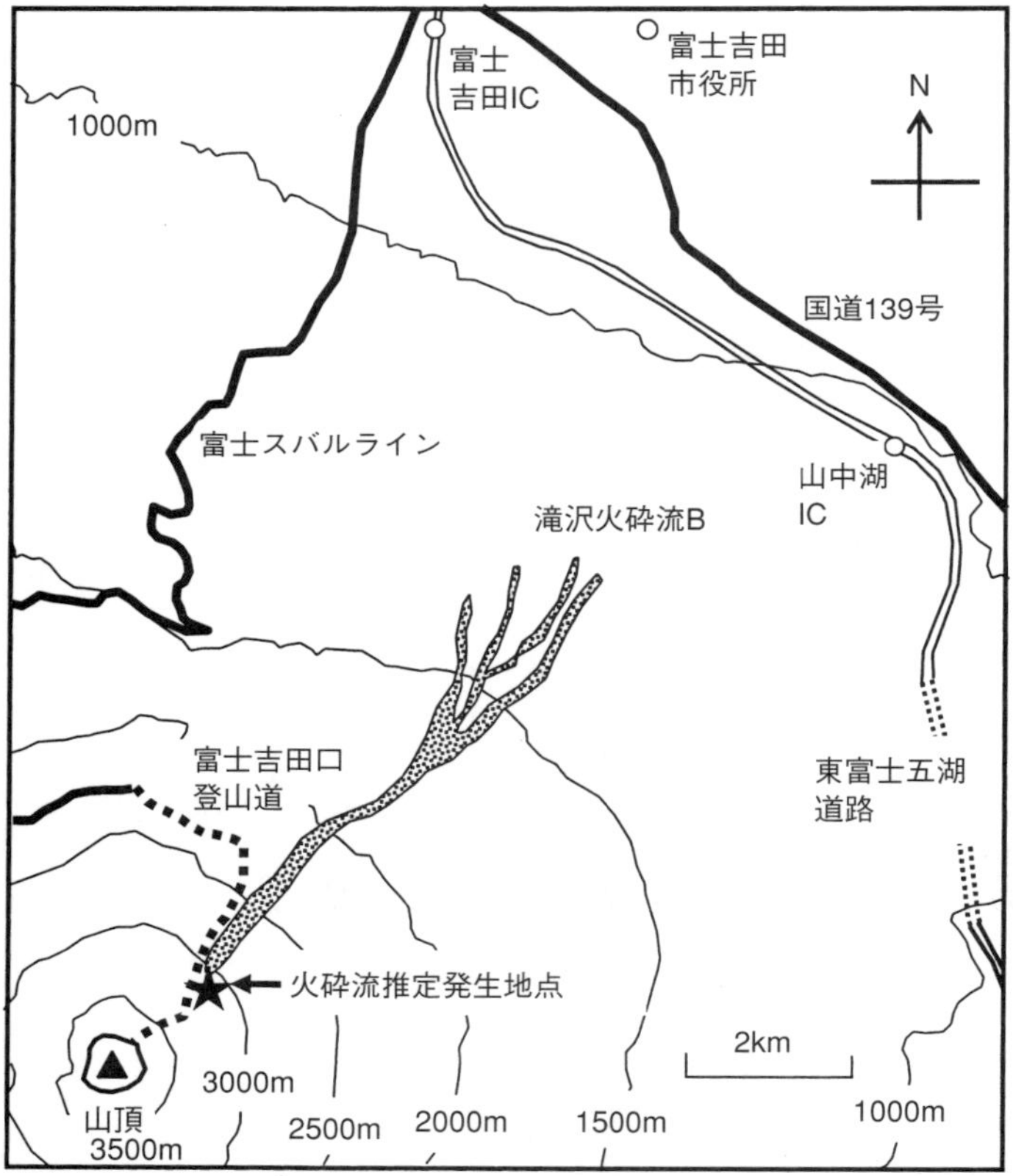

図3　滝沢火砕流B（約1500〜1700年前）の推定分布範囲

[(8)を簡略化]

滝沢火砕流Bをはじめ富士火山の多くの火砕流は小規模で、急斜面に形成されたスコリア丘の崩壊などにより発生した

火砕流の温度は？

では、このような火砕流の温度はどの程度だったのだろうか？　火砕流堆積物のなかにも火砕サージと同様の炭化木片がふくまれていることから、流下途中でなぎ倒した森林の木を炭にしてしまうほど高温であったことは予想されるものの、その正確な温度まではわからない。

火山岩のなかには磁鉄鉱《じてっこう》などの磁性鉱物がふくまれており、磁性鉱物は火山岩の温度が低下する過程で、堆積時の地球の磁化方位を獲得する。磁化を獲得する温度は磁性鉱物の種類により異なるものの、岩石に残されたこのような残留磁化に対し、再度岩石を加熱して堆積時の磁化がどの温度でなくなるかを調べることにより、火砕流が堆積したときの温度を推定できる。

このような古地磁気分析の結果、滝沢火砕流Bは、停止したときに少なくとも五〇〇度以上の温度を保っていたことが明らかとなった。防災上の立場から考えると、このような高温の火砕流がどこまで到達したかが重要である。ただし、多くの場合、火砕流の末端部はその後の土石流によりおおわれており、到達範囲は正確に把握できない。

次の噴火はいつ？

富士山がもし噴火するとした場合、いつ、どこで、どのような噴火が起きるのだろうか？　そもそも、富士山は近い将来に本当に噴火するのだろうか？

二〇〇〇年から二〇〇一年にかけて、富士山の地下で深部低周波地震の発生が著しく増加した。このことは、富士山の地下では、マグマの活動が依然として活発であることを示している。すなわち、富士山はいつ噴火してもおかしくない状態にあるといえるので、噴火への備えはつねに必要である。

また、富士山の歴史時代の噴火活動を振り返ってみると、一〇八三年から一四三五年までの三五〇年間は噴火が発生したとする記録がないことから、一七〇七年以降現在にいたる噴火の休止期間が、特別に長いとは考えられない。最近二〇〇〇年間についてみると、富士山では少なくとも七五回の噴火が発生しており、平均三〇年に一度程度の頻度で噴火が起きていることになる。このように考えると、一七〇七年の噴火から三〇〇年が経過しようとしている現在、すでに噴火が一〇回程度起きていても不思議ではなく、それだけの回数の噴火を引き起こす量のマグマが、この間地下に蓄積されてきた可能性が高い。

数十年間隔で噴火をくり返す活火山の場合は、いつごろ噴火が起きそうであるか、ある程度の予想が可能である。これに対して、一七〇七年の宝永噴火を最後に噴火がまったく起きていない富士山で、同じように噴火時期の予測をすることはきわめて困難である。最近、気象庁をはじめとする防災機関が、地震計や傾斜計、ＧＰＳ観測装置などの噴火予知のための観測機器を、富士山の周辺に設置しつつある。現在の観測体制は必ずしも十分なものだとはいえないが、今後さらに観測機器の整備が進めば、数日ないし数週間前に噴火発生の予測を行なうことも、不可能ではなくなるだろう。

予想される噴火の規模は？

最新の宝永噴火が大規模であったことから、次も大規模な噴火が起こるのではないかと考えられがちであるが、実際には必ずしもそうなるとは限らない。最近三二〇〇年間の富士山の噴火についてみてみると、噴出量が〇・二～〇・七立方キロメートルの大規模噴火は七回、〇・〇二～〇・二立方キロメートルの中規模噴火は二〇～三〇回、〇・〇〇二～〇・〇二立方キロメートルの小規模噴火は一〇〇回以上発生しており、富士山の噴火の大半は小規模である。これまでに知られているマグマの噴出率は、三二〇〇年前以降、一〇〇年間に〇・一立方キロメートルとほぼ一定である（**図4**）。かりに一七〇七年の噴火以降もこの割合でマグマが地下に蓄積されているとすると、その量は〇・三立方キロメートルとなる。確かにこれが一度に噴き出せば大規模噴火になるが、小・中規模噴火がくり返される可能性のほうが高い。ただし、大規模噴火を引き起こすだけのマグマがすでに地下に蓄積されていることは事実なので、大規模噴火への備えはつねに必要であろう。

予想される噴火のタイプは？

噴火のタイプだが、最近二〇〇〇年間では溶岩ないし降下テフラを噴出する場合が大半である。ただし、噴火が標高の高い地点で発生した場合、火砕流が発生するケースも否定できない。

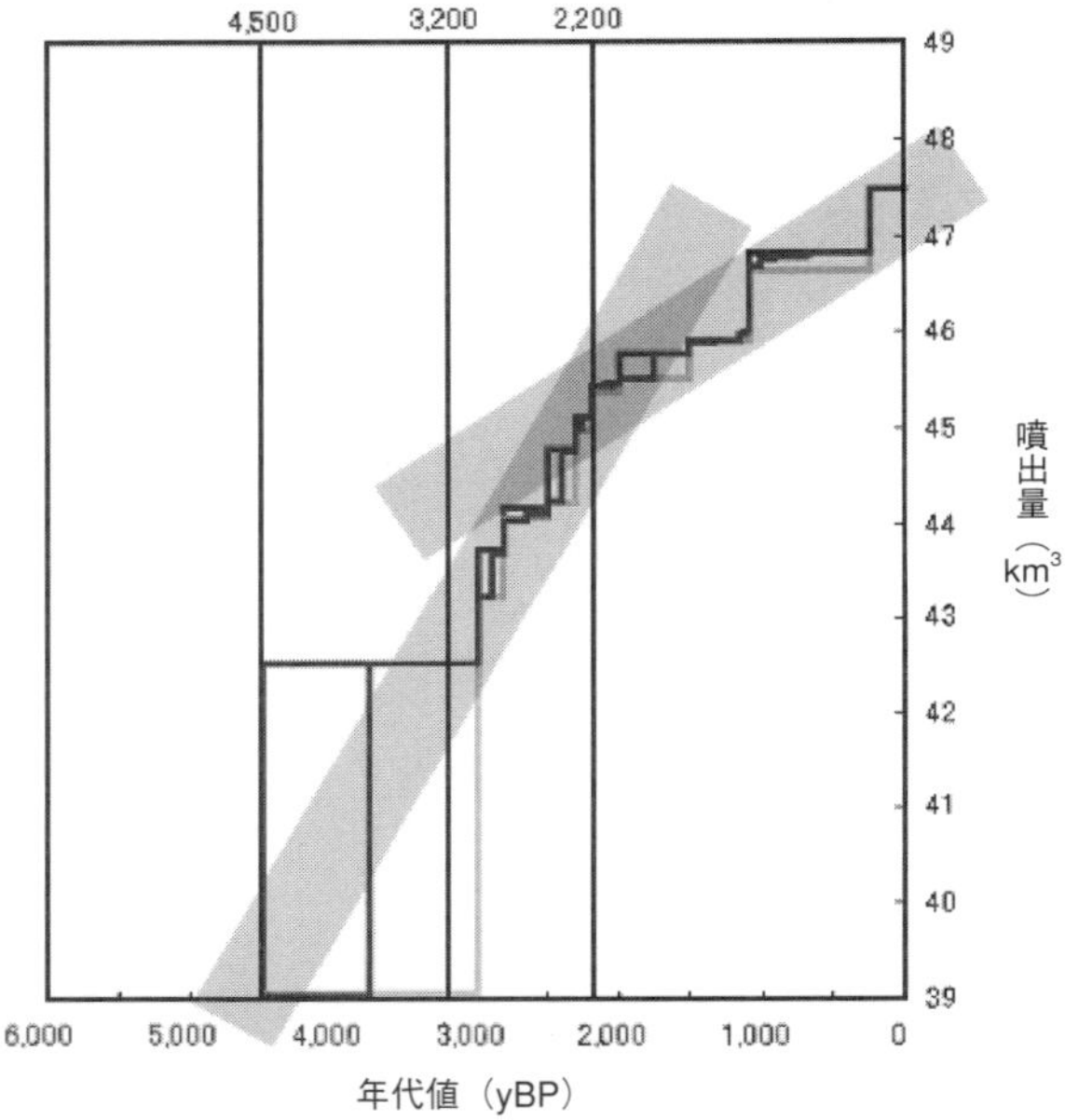

図4　約6000年前からの富士山噴火による噴出量（DRE：岩石密度換算）の累積図 [(8)より]

富士火山の最近3200年間のマグマの噴出率はほぼ一定で、1000年間で0.1km³である

噴火の発生位置は、二二〇〇年前以降、山頂の北西—南東方向と北東方向の山腹であった。噴火の発生場所を特定することはできないが、これまでの噴火のパターンが続くとした場合、標高の低い地域をふくむ山頂の北西—南東方向および北東方向の斜面で起こる可能性がもっとも考えられる。かりにステージ6の山頂噴火期に入ったとすれば、山頂をふくむ標高の高い地点での噴火に注意をはらうべきであろう。一方、依然として山腹噴火期が続いているとすれば、集落に近い標高の低い地域での

噴火が要注意である。過去二二〇〇年間でもっとも標高の低い地点にある火口は、約一一〇〇年前に大淵《おおぶち》丸尾《まるび》溶岩を噴出した南麓の大淵火口列で、火口列の南縁の標高は七八〇メートルである。

富士山をもっと知るためのコラム

◆富士山を形づくる岩石◆

マグマが固化して形成される岩石のことを火成岩という。火成岩には地表で急冷してできた細粒の結晶からなる火山岩と、地下で徐々に冷やされてできた粗粒の結晶からなる深成岩とがある。

火成岩を構成する鉱物は珪酸塩《けいさんえん》鉱物とよばれ、珪素と酸素にアルミニウム、カルシウム、鉄、マグネシウム、ナトリウム、カリウムなどが加わった化合物であり、斜長石《しゃちょうせき》、石英《せきえい》、輝石《きせき》、かんらん石、角《かく》閃石《せんせき》、黒雲母《くろうんも》などが主なものである。

火山岩は、その珪素と酸素の含有量（二酸化珪素〈SiO_2〉の量で表わす）によって分類される。二酸化珪素量が四八～五三重量パーセントのものを玄武《げんぶ》岩《がん》、五三～六三重量パーセントのものを安山岩、六三～七〇重量パーセントのものをデイサイト、七〇重量パーセント以上のものを流紋岩《りゅうもんがん》とよぶ。

富士山を構成している火山岩は、その大部分が玄武岩である。玄武岩の組成に相当する深成岩《しんせいがん》がはんれい岩である。富士山の噴出物中には、しばしばはんれい岩の捕獲岩《ほかくがん》がふくまれる。

火山岩は大型の結晶である斑晶《はんしょう》と、その周囲を埋める細粒結晶やガラスからなる石基《せっき》から構成される。富士山の玄武岩の斑晶量は多いものから少ないものまでさまざまであるが、そのほとんどが斜長石で、若干の輝石やかんらん石をふくむ。玄武岩にみられる白い斑点のような鉱物が斜長石である。

富士山では、安山岩やデイサイトはほとんどみられないが、宝永《ほうえい》大噴火では、最初にデイサイトが、次に安山岩が噴出し、最後に大量の玄武岩が噴出した。

5 富士山のマグマとマグマ溜り

富士山は玄武岩《げんぶがん》からできている

富士山の噴出物は基本的に玄武岩から構成されている。富士山（古富士火山）の初期や先小御岳《せんこみたけ》火山には安山岩の噴出がみられ、また砂沢《ずなさわ》スコリア噴出物や宝永《ほうえい》スコリア噴出物の初期のものにも安山岩やデイサイトがみられるが、その量は噴出した玄武岩の量とくらべるとごくわずかなものにすぎない。日本列島の第四紀火山はその大部分が安山岩からなるので、富士山のようにほとんど玄武岩から構成される大規模な火山というのはめずらしい存在である。

では、富士火山の玄武岩マグマはどのようにして生成されたのだろうか。

玄武岩はふくまれるアルカリの量（ナトリウム酸化物 Na_2O 量とカリウム酸化物 K_2O 量を足したもの）の違いによって、アルカリ量の少ない順に、低アルカリソレアイト、高アルカリソレアイト、アルカリ玄武岩に区分される。玄武岩マグマはマントル物質であるかんらん岩の融解《ゆうかい》によって生ずるが、圧力が高くなるほど、生成される玄武岩マグマ中の珪酸分《けいさん》（SiO_2量）が減少し、アルカリ量が増大する。

日本列島のようなプレート沈み込み境界（島弧ともいう）では、プレート沈み込み境界にあたる海溝方向に向かって、それ以上海溝よりの場所ではマグマが噴出せず火山が形成されない線、すなわち火山フロント（前線）が存在する。

この火山フロントから海溝を遠ざかる方向に向かって、低アルカリソレアイト、高アルカリソレアイト、アルカリ玄武岩の順に、噴出する玄武岩の化学組成が規則的に変化する[1]（**図1**）。

東日本では、火山フロントを特徴づける玄武岩は低アルカリソレアイトである。富士山周辺では火山フロントを構成する低アルカリソレアイトからなる火山は箱根火山であり、火山フロントの背後に位置する富士山は高アルカリソレアイトからなる。

沈み込み境界ではマグマはどのようにしてできるか

東日本火山帯に属する富士山から噴出するマグマは、太平洋プレートの沈み込みに由来する。プレートが沈み込むのは冷えて重くなった（密度が増大した）ためであるので、冷たいものが沈み込んでいく対流の下降部において、熱いマグマが形成されるのは一種のパラドックスであり、きわめて不思議な現象ともいえる。

固体の岩石を融解して液体のマグマを生成するには三つの方法が考えられる。

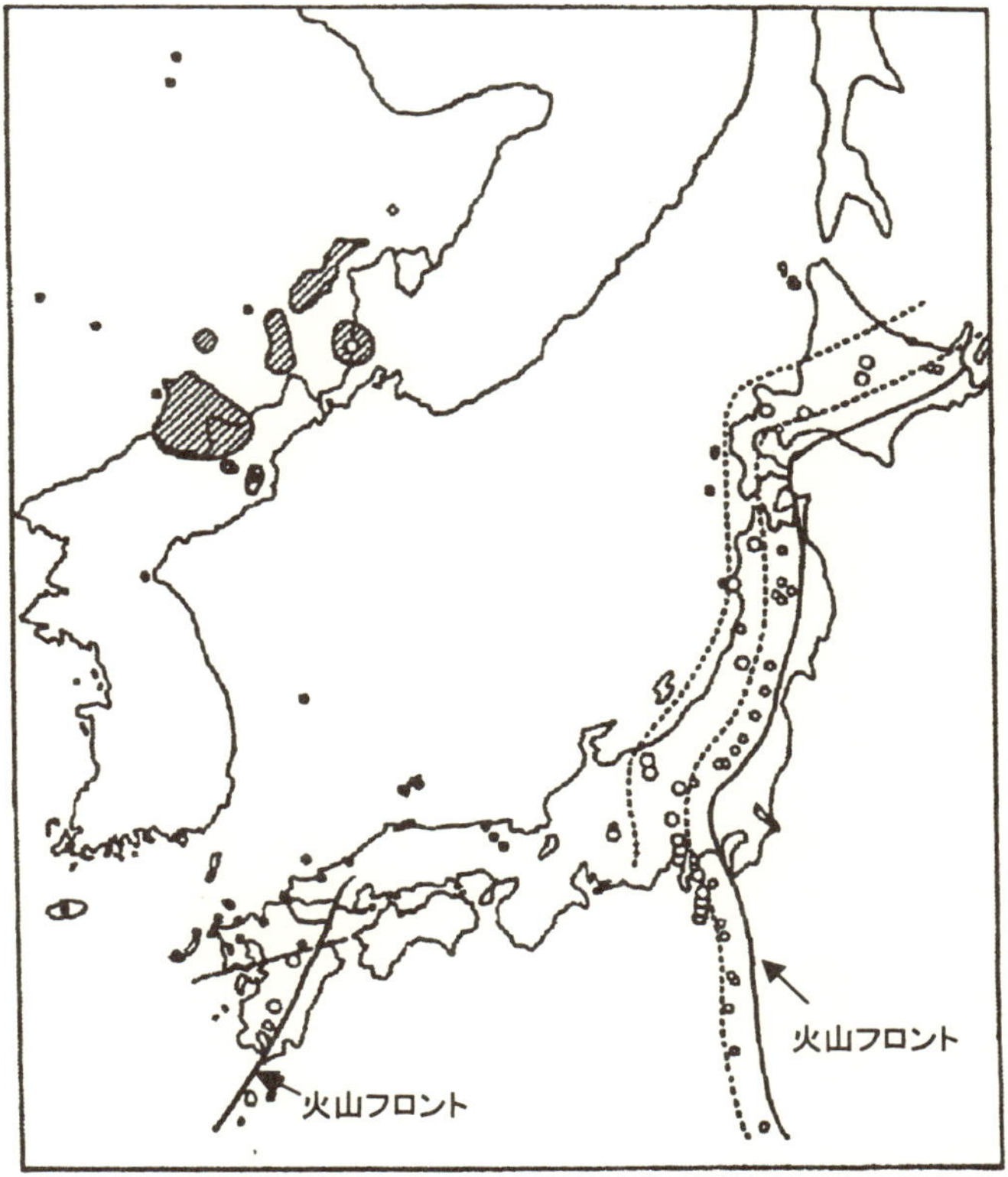

図1　日本列島第四紀玄武岩マグマ組成の水平変化 [(1)より]
小さい白丸は低アルカリソレアイトを、大きな白丸は高アルカリソレアイトを、黒丸と斜線部はアルカリ玄武岩を噴出する火山を表わす。東日本では火山フロント側から低アルカリソレアイト、高アルカリソレアイト、アルカリ玄武岩の順に出現する。西日本では、九州では火山フロントに高アルカリソレアイトが噴出し、中国地方ではアルカリ玄武岩がみられる。富士山は高アルカリソレアイトからなる

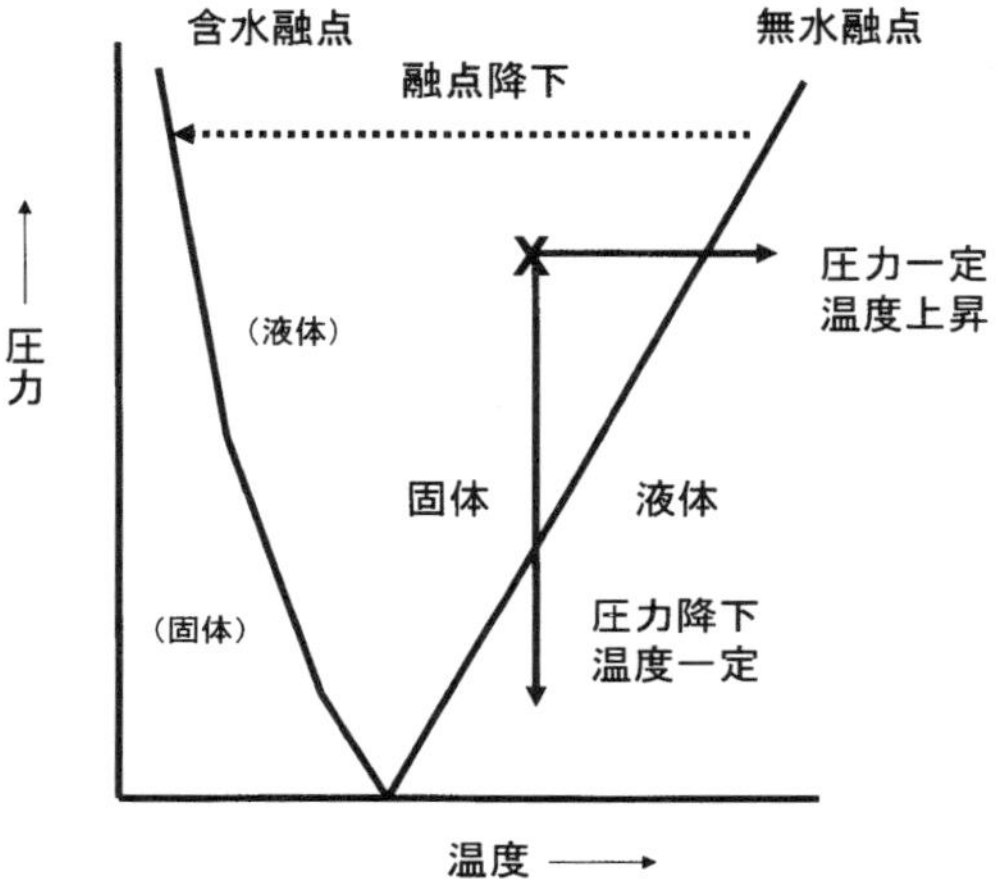

図2　マグマはどのようにしてできるのか
マグマが発生する要因としては、①定圧条件下で温度が上昇する、②定温条件下で圧力が減少する、③水が加わり融点が上がる、などがあげられる

ひとつは圧力一定にして温度を上げてやることである。私たちが日常生活で経験する、氷が溶けて水になるという現象はまさにこれに相当する。

次に温度を一定にして圧力を減少させてやることである。圧力が低くなると原子がばらばらになりやすくなるので融点が下がる（減圧融解）。また、水が加わると、水が化学結合を切るために融点が下がる（加水融解）（図2）。

プレート沈み込み帯では、沈み込む海洋プレートの表層部から水が供給されるとともに、沈み込むプレートの動きに誘発された沈み込みプレートと平行する高温上昇流が生ずる。プレート沈み込み帯では、上昇する高温物質の減圧融解と、水が加わることで生ずる加水融解の両方の効果で、マントル物質から玄武岩マグマが生ずると考えられている。

火山フロントの直下のもっとも浅い場所で生成されたのが低アルカリソレアイト質マグマ、その背後のやや深い場所で生成されたのが高アルカリソレアイト質マグマ、そしてその背後のさらに深い場所で生成されたのがアルカリ玄武岩マグマである。

地殻内での玄武岩マグマの組成変化

マントルで生成された玄武岩マグマは、周囲のマントル物質よりも軽いため、上昇して地殻に到達する。地殻とマントルの密度は大きく異なり、地殻のほうが密度が低い。そのため、一般には玄武岩マグマは地殻下底部とマントルの境界部であるモホ面付近に一時停滞すると考えられている。そして、そこで地殻物質に熱を与えて融解したり、冷却し結晶化して残液の組成を変化させたりする（結晶分化作用という）。

しかし、富士山直下はつねに拡大する傾向にあるため、マントルで生成された高アルカリソレアイト質玄武岩マグマは、地殻下底部に停滞することなく、さらに上昇して下部地殻内まで容易に到達する。そしてそこで結晶分化作用を受け、残液の組成が変化し珪酸成分に富むようになり、その結果最終的には少量の安山岩マグマやデイサイトマグマが生成される。そこへさらに大量の玄武岩マグマが供給され混合することで、結局はマグマ混合を受けた玄武岩マグマとなって噴出する。噴火直前のマグマ溜りは深部低周波地震の起こっている深さ一五キロメートル付近に存在するものと思われる。

西暦一七〇七年の宝永大噴火のときには、最初に少量の結晶分化したデイサイトマグマが噴出している。マグマ溜りで玄武岩マグマがゆっくりと冷却されると、マグマ溜りの周囲の壁付近にはんれい岩が形成されるが、このときの噴出物にはマグマ溜りの壁をつくっていたと思われるはんれい岩の岩片もふくまれる。

割れ目からの噴火

噴火時に上昇した玄武岩マグマは、中心火道を通って山頂火口から噴火するか、あるいは途中から水平方向にのびる割れ目を通って、山腹や山麓から噴火したりする。八六五年の貞観《じょうがん》噴火のときは、地下での総延長がおそらく六キロメートルを超えるような北西方向にのびた北西山麓の大規模な割れ目から、大量の玄武岩溶岩が流出して広大な青木ヶ原溶岩を形成した。また、一七〇七年の宝永噴火のときには、南東側山腹に爆発的な噴火によって北西―南東方向に配列した三つの大規模な宝永火口列が形成されたが、これも地下では北西―南東方向に伸びた割れ目（岩脈）であったと考えられている。

富士山の噴火には貞観噴火のように溶岩を流出する比較的静かな噴火をする場合と、宝永噴火のように爆発的な噴火を行なう場合とがある。このことの原因についてはまだくわしくはわかっていないが、マグマがゆっくりとガス抜きをしながらマグマ溜りから上昇した場合には静かな溶岩流出が生じ、マグマ溜りにビール瓶の栓を抜いたときのような急激な圧力の減少が生じた場合には、発泡して爆発的噴火となるようだ。

富士山をもっと知るためのコラム

◆地下のマグマの存在を知るには◆

地下がどのようになっているのかを知ることは大変に難しい。人間の目ではみることができないからである。人間がものをみるという行為は、太陽からの可視光線（一種の電磁波）を網膜がとらえ、大脳に信号を送ることによる。また、音を聞くという行為は、音波を鼓膜がとらえ、やはり信号を大脳へ送ることで可能となる。いずれの場合も波動を利用していることがわかる。みたり聞いたりして物事の様子を知るためには、波動を利用することが有効である。人体の内部を観察するために使われるX線撮影や、航空機や船舶などがよく使うレーダーなども、一種の波動を利用している。

目にみえない地下をみるためには、地震波（岩石に力が加わり破壊したときに生ずる波動）を利用することが一般的である。地震波のうち、速度がもっとも速く最初に到達するのがP波とよばれる縦波である。縦波は進行方向に振動しており、体積が増加したり減少したりすることで伝わる。次に到達するのがS波とよばれる横波である。横波は進行方向と直交する方向に振動しており、物体をねじりながら伝わる。

地震波の速度は、低温であったり、硬かったり、密度が高かったりすると速くなり、逆に高温であったり、軟らかかったり、密度が低かったりすると遅くなる。マグマが存在する場所は、全体として高温で軟らかく密度も低いので、地震波の速度は遅くなる。

一方、S波は物体をねじりながら伝わるので、ね

富士山をもっと知るためのコラム

じれない流体などがあると、そこで吸収されてしまったり、反射したりする。マグマは高温の流体なので、地下にS波が吸収されたり反射したりする領域があれば、そこにマグマが分布している可能性が高いことになる。

また、地震が起こるためには、割れ目が生ずるような破壊（脆性《ぜいせい》破壊という）を行なう必要がある。こうした破壊は、岩石が低温だと起こりやすいが、高温だったりするとずるりと流動してしまい（流動変形という）、破壊が起こりにくくなる。もちろん、マグマのような流体があれば、そこでは地震は起こらない。したがって、地下に地震の起こらない領域（非震域という）があれば、そこにマグマが存在する可能性は高くなる。

地震波は波動なので、波長や振幅そして波形などをもっている。ある種の地震波は、岩石が破壊されることで生ずる普通の地震波よりも、長い波長（周期）、低い周波数をもっている場合がある。こうした地震波のことを長周期地震波あるいは低周波地震波とよぶ。一般の地震波がパキパキという破壊で生ずるとすると、低周波地震はぬらーりとした地震波であり、その発生に流体が関与していると考えられている。火山地域における低周波地震波の発生には、マグマの存在が関与している可能性が高いのである。

地震波以外にマグマの存在を示す指標として電気抵抗がある。岩石の電気抵抗（比抵抗）は、高温だったり流体があったりすると低下する。したがって、地下の比抵抗の分布をみても、そこにマグマがあるかどうかを、ある程度判断することができる。

II

噴火する富士山

1 昼間の江戸を暗闇にした大噴火——宝永噴火

宝永《ほうえい》噴火はめったに起きない？

　富士山がもし噴火したらどのようなことが起きるだろうか？　東名高速道路や新幹線が止まり、東京に大量の火山灰が降って真っ暗になり、道路が埋まり、交通がマヒして、パソコンが使えなくなる……など、いろいろな被害を思い描く人も多いと思う。ではどうして、東京に被害がおよぶと考えるのだろうか？これは富士山の最後の噴火のときに江戸に降灰したことと無縁ではない。最後の噴火でも火山灰が降ったのだから、今度も降るにちがいない、と思うのは当然かもしれない。でも本当にそうなるのだろうか？

　富士山で最後に起きた噴火は、西暦一七〇七年一二月一六日（宝永四年一一月二三日）の宝永噴火である。この噴火では多量の降下テフラが噴出し、噴煙が成層圏まで達したため、偏西風によって運ばれた火山灰は、江戸をふくむ南関東の広い範囲に降り積もった。じつは、宝永噴火は、新富士火山の噴火の歴史のなかでも、最大規模の爆発的噴火であった。

I－4章でも述べたように、普通、富士山がこのような爆発的な噴火をした場合の規模は、宝永噴火の一〇〇分の一程度で、宝永噴火のような大規模な爆発的噴火が発生することはめったにない。このため、万が一富士山が噴火した場合でも、東京に数センチメートルもの火山灰が降り積もる可能性はきわめて低い。ただし、最大規模の噴火が発生した場合、降灰によりどのくらいの被害が予想されるかを考えておくことは重要で、そのためには宝永噴火をくわしく検証しておく必要がある。

史料が語る宝永噴火の推移

宝永噴火の様子は富士山麓の人びとはもちろん、江戸にいた武士や儒学者らにより多くの文書や絵画として残されている。近年、これらの記録についての火山学的な再評価がなされたり、新たな資料が発掘されたり、噴出物と記録との関係が検討されたりして、噴火の推移がくわしくわかるようになった[(1)]。

一七〇七年一〇月二八日、東海地方をM８・７の巨大地震（宝永東海地震）が襲い、地震による建物の倒壊や津波により多数の犠牲者が出る大災害となった。富士山南東麓の須山《すやま》の記録では、この地震の後、富士山の山中では一日に一〇～二〇回の体に感じる地震が発生し、一二月一五日午後からは富士山麓でも体に感じる地震が始まり、一五日夜からは山麓の広い範囲で地震が感じられるようになった。しかし後述するように、富士山麓の人たちは富士山が噴火するとはまったく予想していなかったようである。

一二月一六日の午前中には二度の大地震があり、二度目の地震直後の午前一〇～一二時頃、ついに南東

図1　宝永噴火直後の様子を描いた絵図

（土屋家絵図〈静岡県沼津市土屋博氏蔵〉）
渦巻く噴煙が立ち上る日中（右）と火柱が見える夜中（左）の噴火の様子

斜面の森林限界付近から噴火が始まった。最初はすさまじい音とともに黒雲が火口上空に立ちのぼり、火口から約一〇キロメートル以内の地域には、最大で二〇～三〇センチメートルの大きさの火砕物が噴煙から落下して四散し、その内部から高温のガスが噴き出して出火、萱《かや》ぶき屋根の家屋などが燃えた。このときの噴出物は白色の軽石で、軽石は午後四時頃まで噴出した。その後、噴火はいったん収まったものの夜に入り再開し、火口からは火柱が上がり、紡錘状《ぼうすいじょう》など特徴ある形や内部構造をもったマグマのしぶきである火山弾や黒色スコリアが噴出した。この間の一連の噴火で火口から東北東に約一〇キロメートル離れた須走《すばしり》村では家屋の約半数が焼失した。噴火は一七日の朝六～七時頃少し収まった。

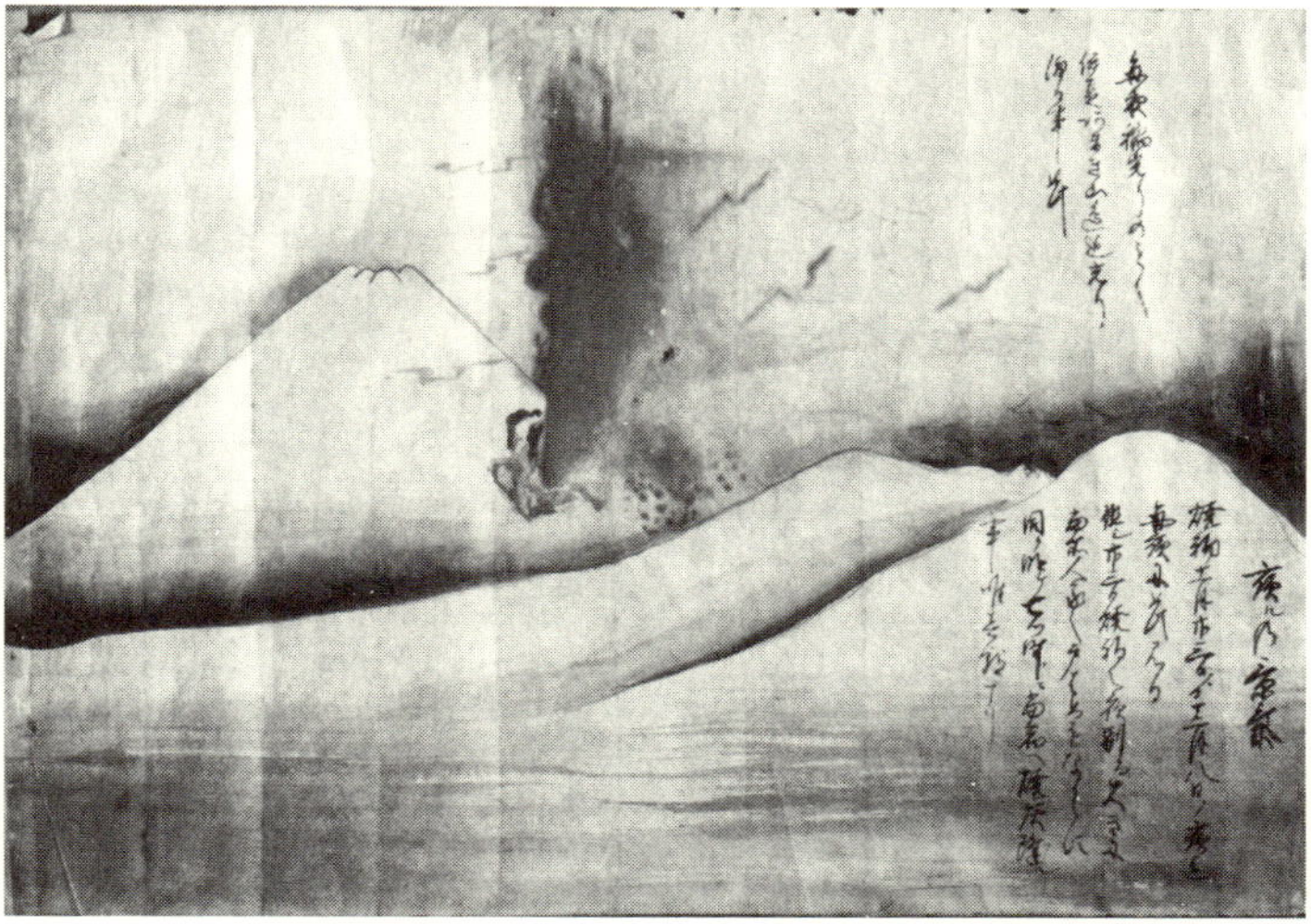

　このような噴火の様子は、火口から約一〇〇キロメートル離れた江戸でも確認された。噴火開始直後、富士山上空に青黒い山のような噴煙が確認されるとともに、爆発にともなう空気の振動（空振）で江戸の町中でも戸や障子が強く振動した。噴煙は偏西風によって富士山上空から東方に流され横浜方面に達し、その後、噴煙の一部は横浜の北東側に位置する江戸方面に広がった。そして江戸は一三時頃から噴煙におおわれて暗黒になり、ねずみ色の火山灰が降り出した。このとき、儒教学者の新井白石は、真昼であるにもかかわらず江戸城で灯をともして講義をしている。夜に入るとねずみ色の火山灰は黒色の砂へと変わり、この砂は夜半には降り止んだ。

　噴火は一七日の午前中から再び活発化し、

規模はやや小さくなったものの、二〇日の朝までに山麓には直径数センチメートルのスコリア質の火山礫《かざんれき》を、江戸には粟粒大の黒色の火山砂を降らせた。二〇日の朝以降は小規模な噴火が断続的に続いた。

噴火活動は一二月二五日に再び活発化し、やや規模の大きな噴火が二七日の夜半まで続いた。その後、噴火活動はしだいに終息に向かい、活動の末期には山麓からも火口から火山弾が噴出する様子をみることができた。一連の噴火は一七〇八年一月一日未明の爆発を最後に終了した。

軽石噴火の謎

宝永噴火の噴出物は宝永スコリアともよばれ、南関東のほぼ全域をおおい、火口から二八〇キロメートル離れた鹿島灘《かしまなだ》沖の大平洋の海底の泥のなかからも発見されている。また、現在では噴出物が残っていない、火口の南南東方向にあたる沼津市原付近でも降灰があったとする記述が残されている。噴出物は風下側にあたる火口からほぼ真東にのびる軸の上で厚く、火口から離れるに従い急激に薄くなる（**図2**）。

宝永スコリアは、下位からHo－Ⅰ～Ho－Ⅳの四つのグループに区分できる。もっとも下位のHo－Ⅰ層は、ガスが抜けたときにできた気泡を多くふくむ粗い白色の軽石からなり、Ho－Ⅱ層は緻密で粗い黒灰色スコリアからなる。Ho－Ⅱのなかにはしばしば黒と白の縞模様がある縞状軽石もふくまれている。これをやや緻密で中粒の黒色スコリア層や砂サイズの火山灰層が重なりあったHo－Ⅲがおおい、最上部には気泡を多くふくむ中粒の黒褐色スコリアからなるHo－Ⅳが堆積している。このように軽石が噴出したのは最初だけ

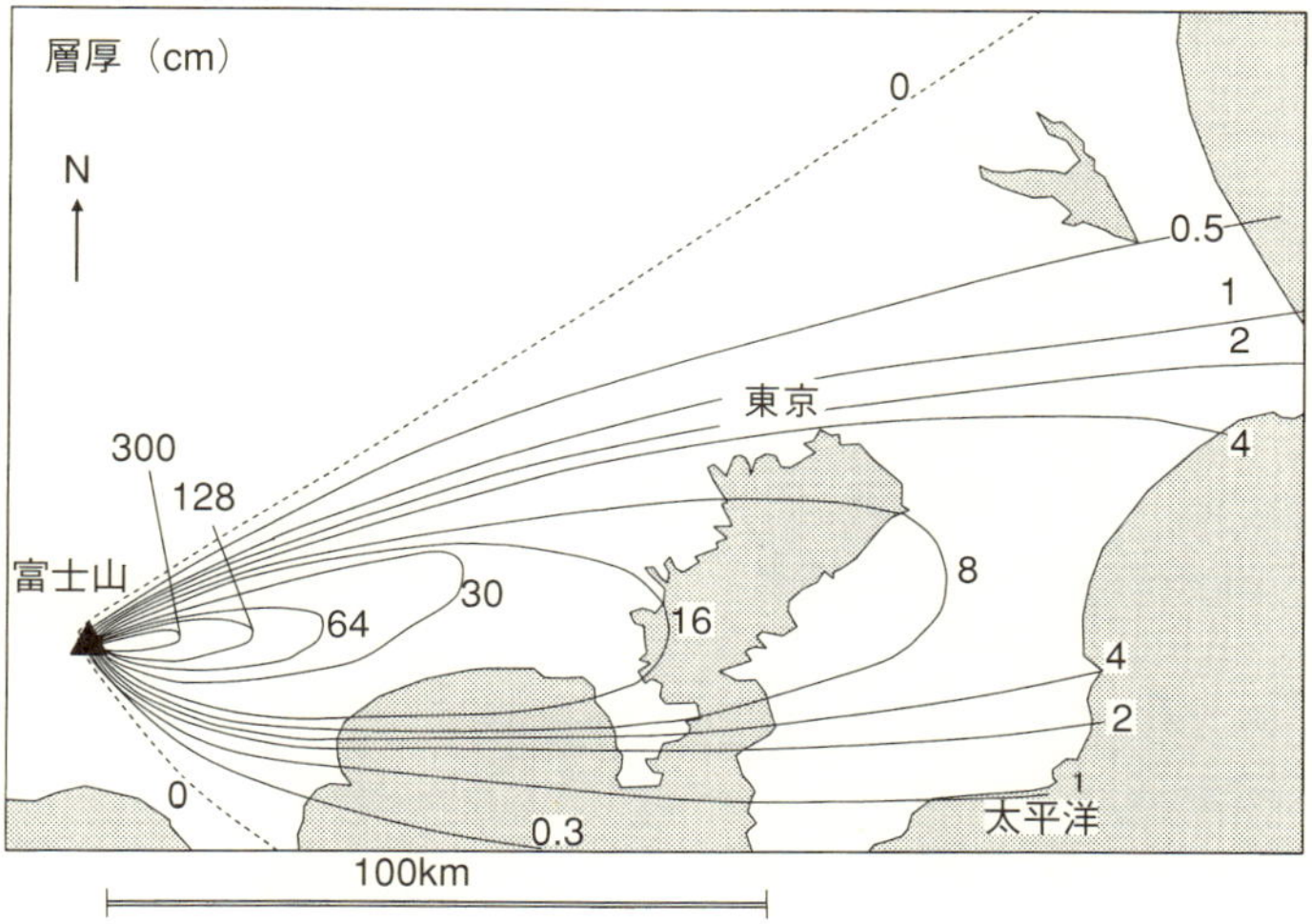

図2　宝永噴火による降灰分布図
史料および現地調査結果にもとづき作成［(2)より］

で、それ以降はスコリアが噴出した。噴出物の岩質は、Ho-Iの軽石はデイサイト質でHo-IIは安山岩質であり、Ho-IIIとHo-IVは玄武岩質《げんぶがん》である。

新富士火山の歴史のなかで、デイサイト質の軽石を噴出した軽石噴火が起きたのは、宝永噴火のときと二九〇〇年前の砂沢《ずなさわ》スコリアを噴出した砂沢噴火のときの二回のみである。砂沢噴火でも宝永噴火と同じく噴火の初期に軽石を噴出させ、噴出源も宝永噴火が起きた宝永火口の近くと推定されている。ただ、いずれの噴火とも、なぜマグマ溜りのなかでデイサイト質の軽石がつくられたのかは謎である。

宝永噴出物の噴出時期

Ho-I～IVの噴出物の形成時期は噴出物の特

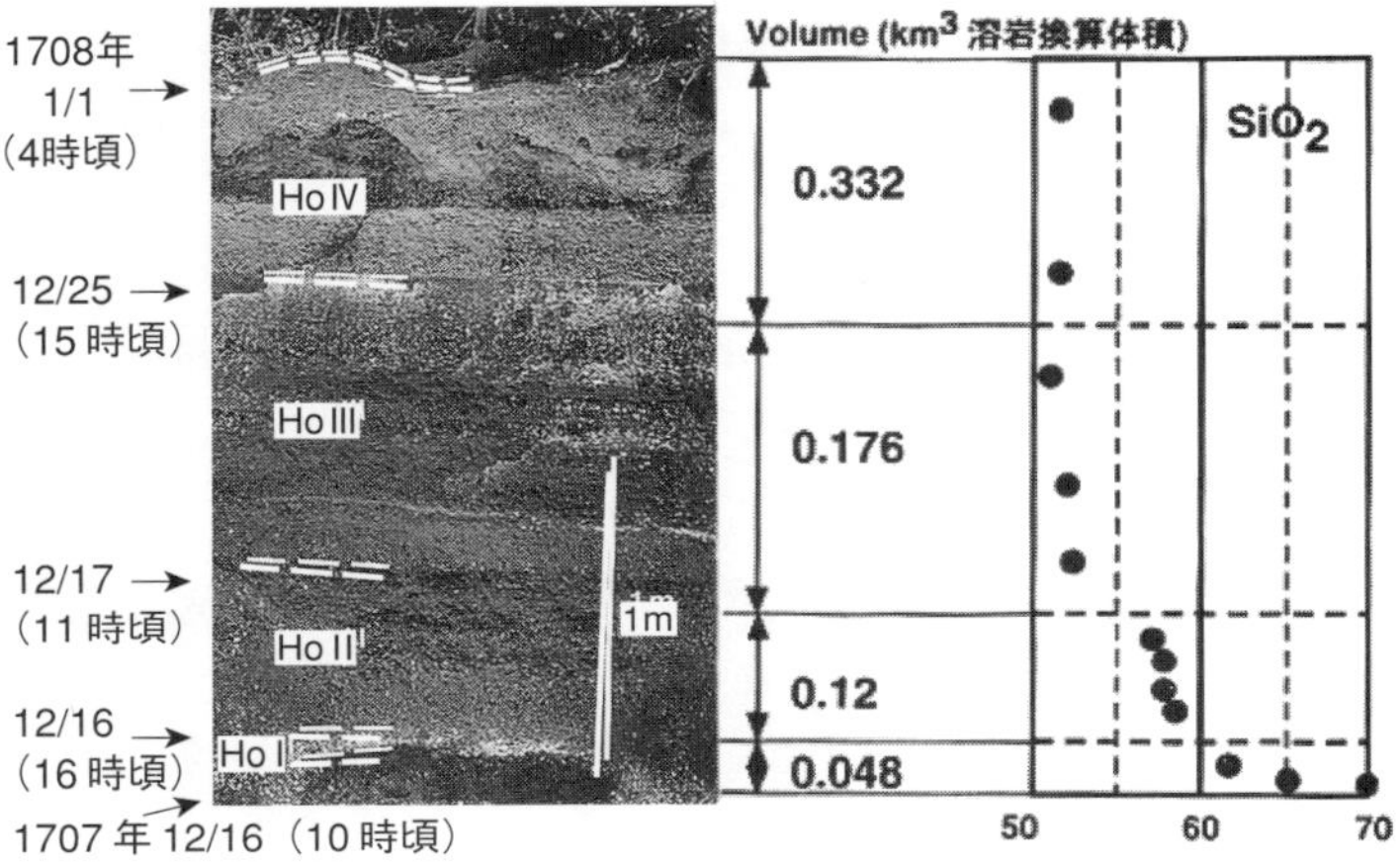

図3　宝永スコリアの形成時刻と噴出量、化学組成の変化
化学組成のデータは(3)による
露頭の写真は宝永火口から11Km東方の静岡県小山町須走

徴と史料の記述とを対応させることにより、ほぼ推定することができる。

一二月一六日の夜には噴出物の色が白色から黒色に変化した。つまり、この時期に白色軽石からなるHo-Ⅰから黒灰色のスコリアからなるHo-Ⅱに変化したと思われる。

一二月二〇日からは激しい噴火もいったん息をつき、二四日まで比較的規模の小さな噴火が断続的に続いた。この時期にHo-Ⅲが形成されたと推定される。

噴火は一二月二五日に再び活動が活発化した。Ho-Ⅳの初期の噴出物はやや粗粒で地層の厚さも大きいことから、Ho-Ⅳは二五日から噴火が終息する一月一日までの間に形成されたと思われる(**図3**)。

このようにして宝永スコリア層中に時間の目盛

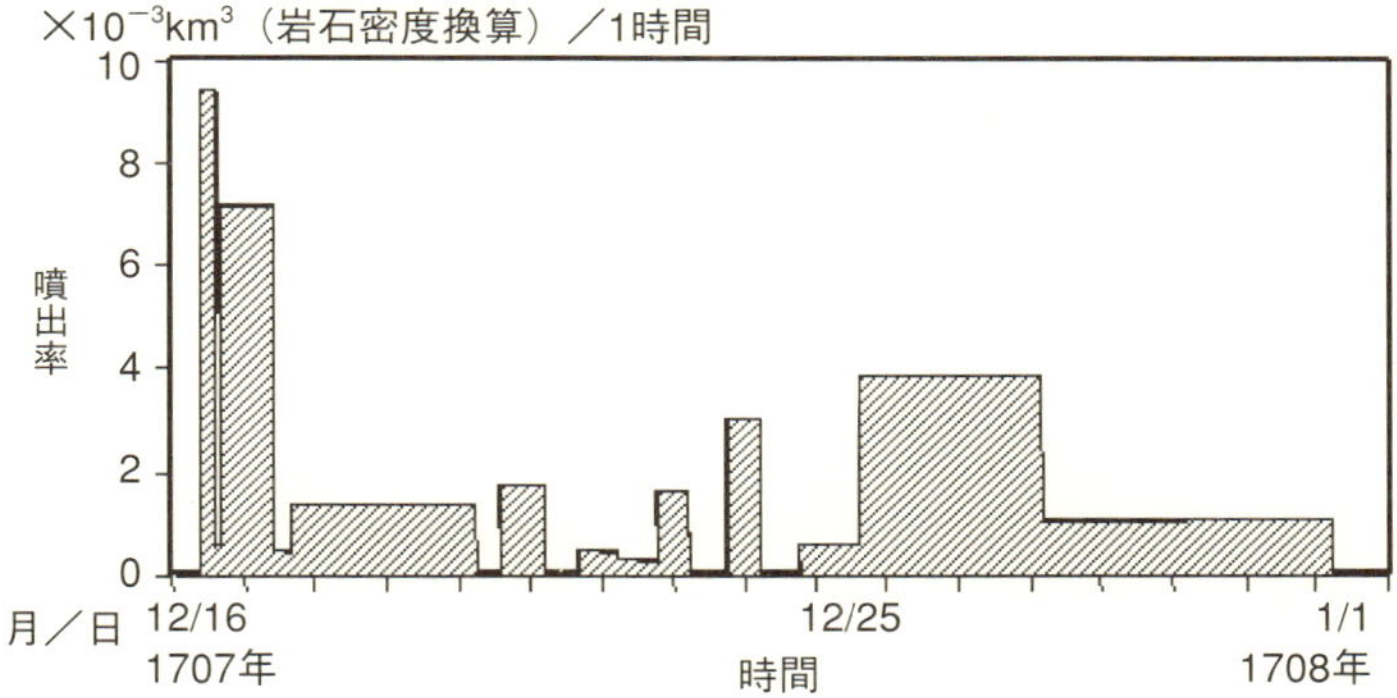

図4　宝永噴火の噴出率の時間変化
噴火は断続的に続き、噴出率は初日の16日が最大だが次第に減衰する。ただし、25日になり再活発化する［(4)より］

りを加えることにより、宝永噴火の噴出率の推移を推定することができる（**図４**）。

噴出率は最初のHo-Iのときが最大で、一時間あたり九〇〇万立方メートルあったが、その後は四分の一程度に減少した。ただし二五日になると噴火は再度活発化し、噴出率は一時間あたり四〇〇万立方メートルと大きくなった。

また、この図からわかるように、噴火は半月間連続して続いたのではなく、数時間ないし数日単位で発生してはいったん休止するという断続的なものであった。噴火が数日間続いているようにみえる部分も、史料が十分にないため、連続しているように描かれているのであり、今後よりくわしい史料が集まれば数時間単位での推移が判明するかもしれない。

火山灰に埋まった家

噴火の様子や当時の住宅への被害の様子は、宝永噴火の噴出物に埋められた遺跡の発掘結果からも推定できる。長坂遺跡は宝永火口から一〇キロメートル東に位置し、一九六一年に現在の陸上自衛隊滝ヶ原駐屯地の北側の宝永スコリアの採掘場で宝永スコリア層の直下から発見された家屋の跡である[(5)]。この付近に積もった宝永スコリアの厚さは二・五メートルにおよぶ。発掘された住居は農家と考えられ、二〇平方メートルの土間と三〇平方メートルの居間からなり、土間の奥の居間との境には炉があった。居間からはキセルの雁首《がんくび》と湯呑茶碗が、炉のそばからは鎌と砥石が、縁側の部分からは包丁がみつかっている。このほかにもモミ、アワ、ソバなどの農作物や銭も発見されている。このように貴重なお金や農作物が残され、キセルや湯呑茶碗が居間から発見されたことから、お茶を飲んだりしてくつろいでいた住人は、予期せぬ噴火に驚きあわて、取るものも取りあえずに逃げたものと思われる。

発掘された住居の跡をみると、家の内部には軽石はなく、炭の層をはさんでスコリアが積もっている。軽石は家の外周付近でとくに厚く、家から離れると薄くなり一定の厚さになる。このことから、最初に軽石が降ったときにはこの家の屋根は残っており、屋根からころがり落ちた軽石は家の外周付近に厚く積もったものの、その後スコリアが降ったときに屋根が燃え落ち、家の中はスコリアにより埋めつくされたと思われる。

宝永火口

宝永噴火では富士山の南東斜面には三つの火口が誕生した。これらの火口は山頂側から宝永第一、第二、第三火口とよばれている。このうち宝永第一火口が最大で、もっとも山頂側の標高は三一五〇メートル、火口底の標高は二四二〇メートルである。宝永第一火口と第二火口の間には宝永山とよばれる小丘がある。宝永山は文書や絵画の記録から宝永噴火の直後に出現したことが明らかであり、一七〇七年噴火のさいにつくられた地形である。宝永第二、第三火口の外形は宝永山により変形されている。一方、宝永山は宝永第一火口によりその西側がえぐりとられている。このことから、宝永第二、第三火口の形成後、宝永山が形成され、さらに宝永第一火口が形成されたと考えられる（図5）。

宝永スコリアのうちHo-IとHo-IIは第二、第三火口に向かい層厚が大きくなることからこれら両火口から噴出したと思われる。これに対し、Ho-IIIやHo-IVは第一火口に向かい層厚が大きくなることから、第一火口の噴出物と思われる。このことから宝永山はHo-IIとHo-IIIが堆積する間に形成されたと思われる。

宝永第一火口の底には北側半分がなくなったスコリア丘がある。現在でもスコリア丘の表面には多数の紡錘形の火山弾をみつけることができる。スコリア丘のなくなった部分は地形がくぼんでいることから、おそらく活動末期の水蒸気爆発により、スコリア丘の半分が吹き飛んだものと思われる。文書記録では一月一日の未明に宝永火口付近でドーンという大きな音がして噴火は終息したとある。このため、スコリア

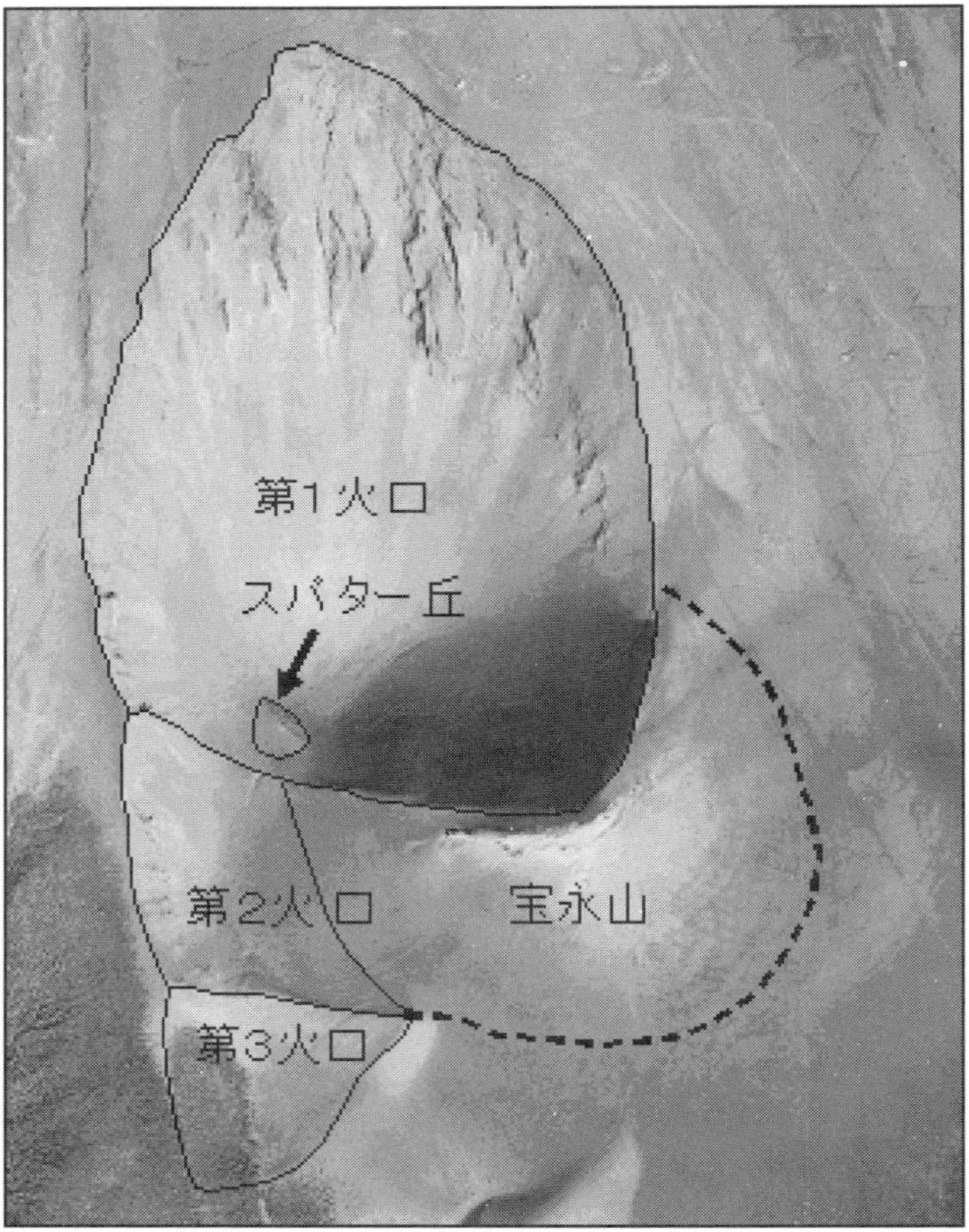

図5　3つの宝永火口と宝永山

宝永第二、第三火口は宝永山により変形され、宝永山は第一火口により一部が削られている。国土地理院撮影空中写真CCB-75-17を使用丘が半壊したのは一月一日未明ではないかと思われる。また、宝永第一火口の南西側の縁の部分では、堆積したスコリアの表面が白色になっている。これは噴火終了後の噴気活動のさいに、噴気中にふくまれていた水溶成分が冷え固まったものと考えられる。

噴火初日に吹いた強い南風

煙突から立ちのぼる煙をみても想像できるように、火口から噴煙が立ちのぼり、上空を吹く風により風下側に拡散されると、噴煙は火口からの距離にしたがい急速に色が薄くなる。実際、噴煙のなかから落下する火山灰の量や粒子の大きさは距離とともに急激に減少することが知られている。ところがHo－Iの軽石層は、分布域の南縁側の、層厚が薄い部分でもっとも粒径が大きかった。このように、層厚の最大値を連ねた軸と、噴出物の粒径の最大値を連ねた値の軸が異なる原因として、噴火のときに上空では西風が吹いていていたにもかかわらず、地上では南西風が吹いていたことが考えられる。

分布域の南側で粗粒であるという傾向は、火口から一三〇キロメートル以上離れた地域でも確認されている（**図6**）。たとえば、火口から七〇キロメートル離れた鎌倉市腰越《こしごえ》では、一二月一六日の一二～一三時頃、真っ暗になり「岩石」が降ったとの記録が残されているし（『腰越旧志』）、現在、この付近で発見されるHo－Iの軽石の最大の大きさは約二センチメートルである。これに対し江戸はこの東西にのびる粗粒な軽石の軸からは北側にはずれ、南西風の風下側に位置する。実際、富士山からほぼ真東の方向にあた

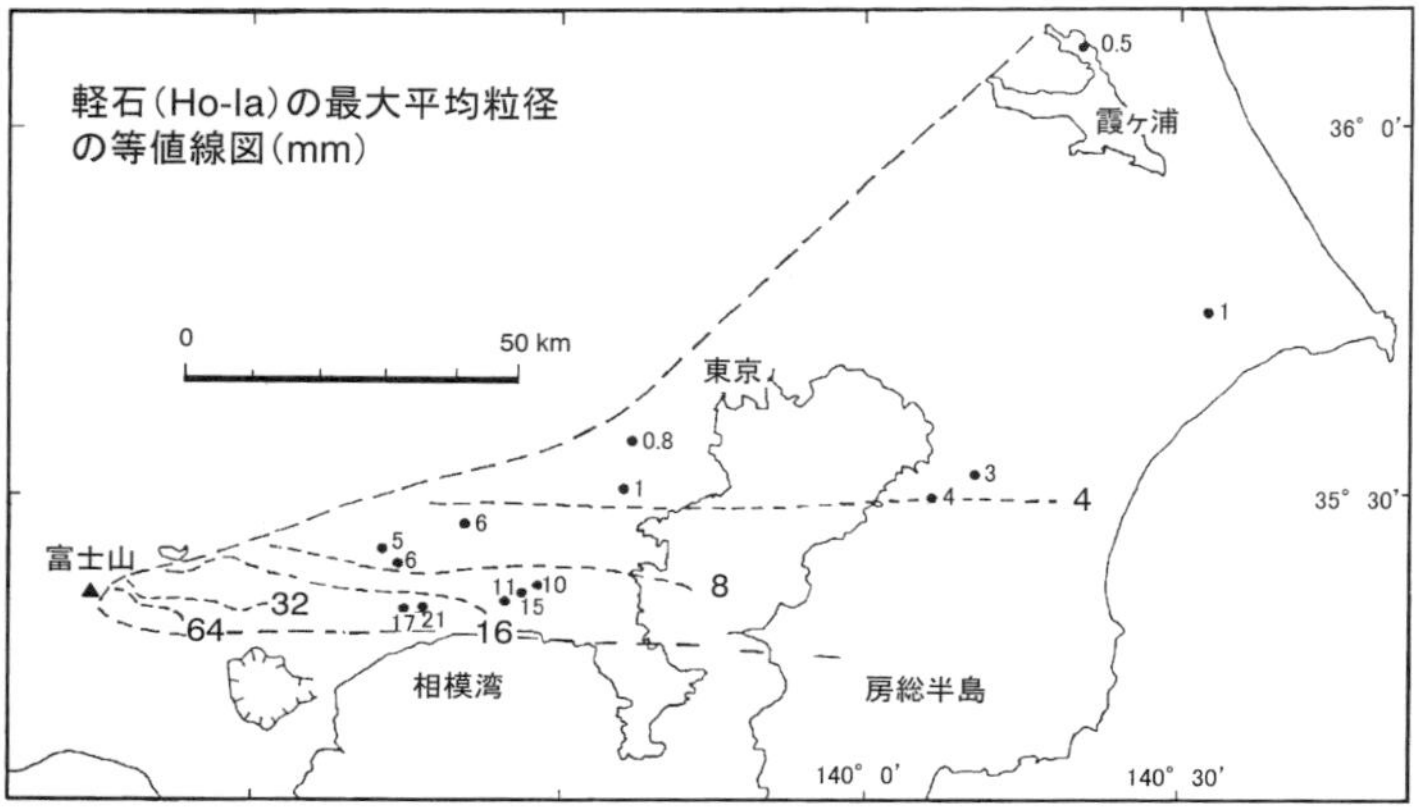

図6　初日に降った軽石のうちもっとも粗い粒径の平面分布
軽石は上層では西風の、下層では南西風の影響を受けた結果、分布域の南縁でもっとも粗い［(7)より］

る横浜方面に流れた噴煙の一部が、その後北東方向の江戸に向かう様子が確認されている。このため江戸では鎌倉とは異なり細粒な火山灰が降った。甲府藩の江戸詰め家老により神田橋門外の屋敷内で採取された、江戸で最初に降ったとされる灰が一九九六年に発見された。この灰は岩石の化学的な性質などから、確かに宝永噴火の最初に降った軽石質火山灰であることが確認されている、また、この火山灰の粒子の大きさは小麦粉程度の細粒なものであった(6)。

噴火によるさまざまな被害

宝永噴火では火口から一〇キロメートルを超える地点でも、まれに直径一〇センチメートルを超える火砕物の塊が降ってきたり、火山灰の重みで家屋が倒壊したりしていることから、これによる犠牲者があってもまったく不思議ではない。ところが、この噴火でどれだけの犠牲者や被災者が出たのか、その正確な記録は残されていない。とくに山麓の火山灰が厚く堆積した地域では農地の復旧が進まず深刻な飢饉が発生したり、富士山から離れた地域でも、河川に流入した火山灰により流域では長期間にわたり洪水が続いたりして、多数の犠牲者や被災者が出たことは想像に難くない。

厚く堆積した火山灰

宝永スコリアが六〇センチメートル以上の厚さで厚く堆積したのは、現在の静岡県御殿場市《ごてんば》から小山町にかけての「御厨《みくりや》」とよばれる富士山東麓の地域にあたる。火口にもっとも近い集落であった須走村では七五軒中三七軒が焼失し、三八軒が倒壊した。スコリアが二メートル以上堆積した地域では多数の家屋が倒壊した。御厨地方はもともと小田原藩などの領地であったが、藩単独での復旧が困難なため、噴火の翌年の一七〇八年には一時的に幕府の領地となり復旧が図られた。当時、領民は自由に土地を離れることができず、幕府からの一時的な砂除金《すなよけきん》の支給はあったものの、復旧のための十分な支援が得られなかったために、自力で除灰《じょはい》作業を行なわなければならなかった。除灰のためには火山灰を捨てるための土地と運搬手段を確保しなければならないが、これらが困難であったため、除灰した火山灰の大部分は近くの中小河川に流された。

御厨地方では三六年後には農地の六～七割が復旧され、四〇年後の西暦一七四七年には大部分の地域は小田原領にもどされた。ただし、宝永スコリアが約二メートルも積もった大御神村《おおみか》は復興が進まず、明治維新まで幕領のままであった。(8)

くり返された洪水

富士東麓から箱根火山の北〜東縁にそって流れ下り、足柄《あしがら》平野へと流れ出る酒匂川《さかわ》の流域には、スコリアが三〇〜六〇センチメートル堆積し、酒匂川はこれらの火山灰の流入により川底が浅くなり洪水が頻発した。とくに、酒匂川中流域の丹沢《たんざわ》山地南麓にあたる地域は、急斜面に堆積した火山灰が降雨により頻繁に酒匂川へ流入した。さらに上流の富士山東麓では、復旧作業時に酒匂川にそそぐ中小河川に多量の火山灰が捨てられたこともあり、頻繁に土石流が発生し酒匂川への土砂堆積と洪水氾濫は長期間にわたった。酒匂川の下流の足柄平野では、酒匂川が氾濫で流れを変えるたびに、農地や住居がくり返し土砂に埋められ破壊された。酒匂川に堆積した火山灰の厚さは、足柄平野北部の金井島《かないしま》村付近で、一七二三年には約六メートルであったといわれている。(9)

このため、足柄平野の酒匂川周辺の村々も、御厨地方と同様、西暦一七〇八年に幕府の領地となり、洪水を抑制するための堤防の建設や復旧工事がなされた。堤防はたび重なる洪水によりたびたび決壊したが、足柄平野の入り口に、当時最高の河川技術者であった田中丘隅らにより建設された文明堤により、噴火の約四〇年後にようやく流路は安定した。これにより一七四七年に酒匂川西岸の村々が、一七八三年に東岸の村々が小田原藩にもどされた。

遠隔地での災害

また、宝永スコリアの厚さが一五センチメートル以上の地域では、用水や小河川に火山灰が堆積し、くり返し洪水が発生した。これらの地域は、現在の神奈川県西部から東部にかけての広範囲におよぶ。洪水が発生しない場合でも水路の排水不良により田畑が冠水したり、砂が堆積したため水田に水がたまらず渇

◆火山灰と溶岩の体積はどうやってくらべる?◆

宝永《ほうえい》噴火による火山灰の総噴出量を、宝永スコリア層の厚さの等値線をもとに計算すると一・七立方キロメートルと見積もられる。

火山灰を噴出する噴火と溶岩を噴出する噴火の規模をくらべる場合、火山灰は堆積密度が小さいので堆積密度を溶岩と同じくらいに大きくする必要がある。

このようにして岩石密度に換算した体積（DRE）を計算すると、宝永噴火の噴出量は〇・六七立方キロメートル、このうち最初の軽石噴火の噴出量は〇・〇五立方キロメートルとなる。

雲仙《うんぜん》一九九〇―一九九五年噴火で噴出した全溶岩の噴出量が〇・二立方キロメートルであることを考えると大規模な噴火であったことがわかる。

水したりした。この他、江ノ島では火山灰により海底が浅くなったうえに磯が埋められたため、海草やあわび・サザエなどの漁が困難になった[10]。

当時、江戸などでは、「これやこの　行くも帰るも　風ひきて　知るも知らぬも　大方はせき」という狂歌がはやった。実際に噴火の後に風邪が流行したのかもしれないが、堆積した降灰が巻き上がり気管支への障害が多数発生したことも考えられる。また、噴火にともなう空振により、地震でもないのにびりびりと障子が振動し、江戸の住民に大きな恐怖を与えた。

植生の変化

降灰により富士山の斜面の植生も大きく変化した。富士山の南東斜面の標高約一七〇〇メートルの幕岩《まくいわ》一帯は、現在約五メートルの宝永スコリアが堆積して荒れ地となっている。一九八二年に発生した融雪《ゆうせつ》なだれの直後、幕岩付近では沢筋が大きく侵食され、宝永スコリア層最下部の厚さ約七〇センチメートルの軽石層中からモミ、ツガ、カラマツなどの針葉樹（亜高山帯）やカエデやサワグルミなどの広葉樹（山地帯）が多数、直立したり横倒しとなったりして炭化木となった状態で発見された。これらの樹木は高温の軽石が落下したさいに折られ、焼けて炭になったと思われる。

これらの樹種から噴火当時の植生を復元した結果、亜高山帯と山地帯の境界の標高は、現在の一八〇〇メートルよりも一五〇〇メートル低い一六五〇メートルであることがわかった。このデータのみで判断するのは危険だが、江戸時代は現在よりも寒冷であったことが知られており、このため宝永噴火時の亜高山帯は現在よりもより標高の低い地点にまで分布していたのかもしれない。

一方、東斜面の標高一五〇〇～一八〇〇メートルの御殿場口登山道五合目から須走口登山道五合目にかけての登山道ぞいでも、三～五メートル積もった宝永スコリアの直下に一〇センチメートル程度の厚さの有機物に富む黒色の土壌層をみることができる。これは噴火前にこれらの地域に植生が繁茂していたことを示す。これらの地域では噴火後、約三〇〇年が経過した現在も、幕岩と同様、オンタデやフジアザミなどわずかな草本しかなく、荒れ地のままの状態である。これは、晩秋や初冬の大雨時に毎年のように発生する融雪なだれ――雪代《ゆきしろ》により、宝永スコリア上部の砂礫《されき》が積雪とともに移動して地表が安定せず、植生の復活をはばんでいるためである。

2

裾野を埋めた溶岩の海——青木ヶ原溶岩

青木ヶ原はいつできたか？

青木ヶ原といえば富士山の北西山麓に広がる広大な原生林の森からなる樹海として有名である（口絵6）。現在ではうっそうとした原生林の森であるが、じつは青木ヶ原は平安時代初期（西暦でいえば九世紀）に大量の溶岩が噴出してできた溶岩原であり、生まれた時代は意外に新しい。

平安時代の歴史書である『三代実録』などの古記録によれば、噴火は西暦八六四年に富士山の西山（おそらくは現在の大室山《おおむろやま》）周辺で始まり、八六七年までおよそ三年間にわたって続いたとされている[1][2]。古記録によれば、噴火は八六四年の六月に始まり、七月には「せの海」に到達して、一〇月にはそれを大規模に埋め立てたという[2]。その結果、せの海は東方の西湖《さい》と西方の精進湖《しょうじ》とに分断された。

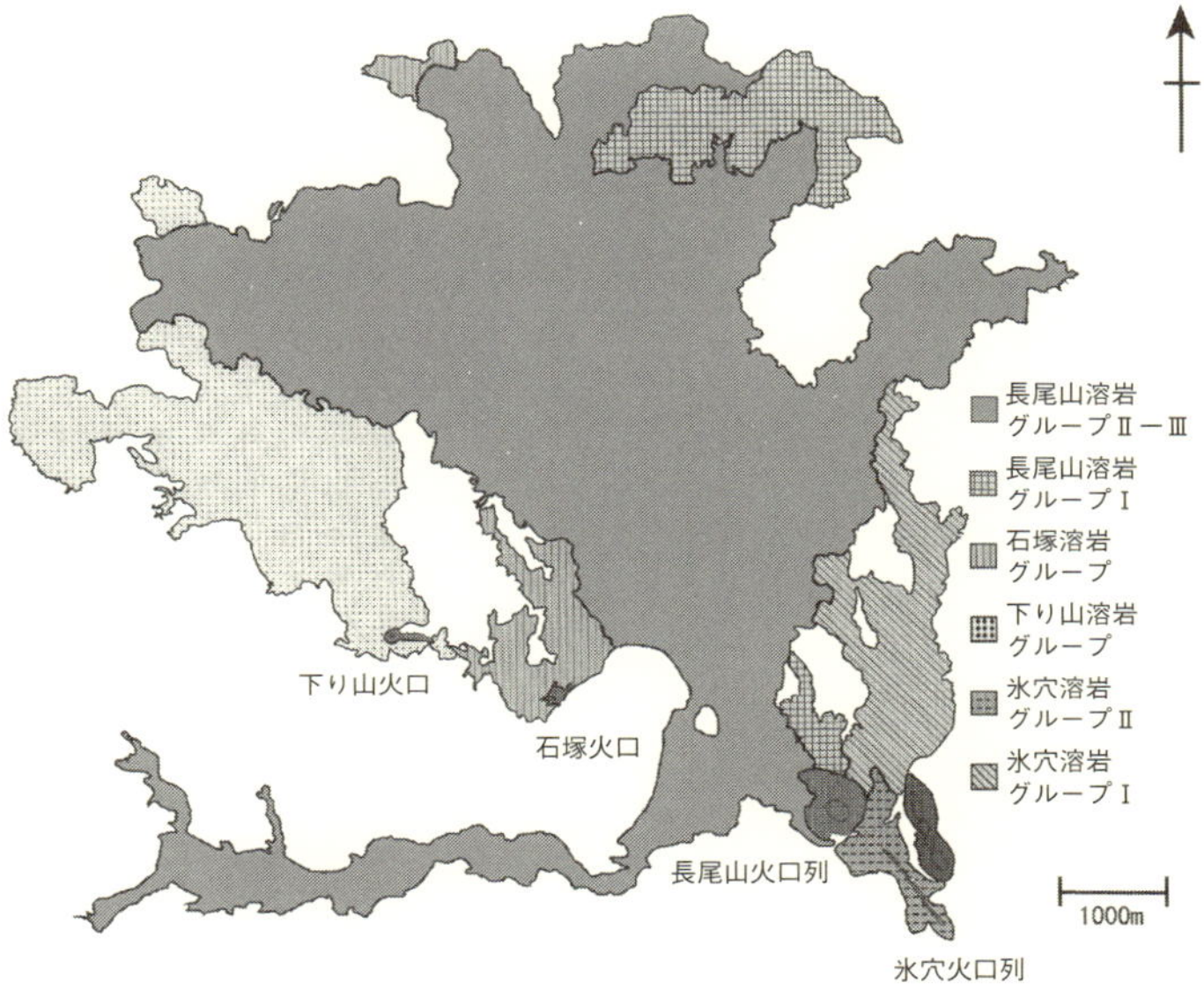

図1　青木ヶ原溶岩における各溶岩グループとその噴出口の分布

せの海を埋めた下《くだ》り山溶岩と石塚溶岩

青木ヶ原溶岩の噴出は、大室山西方に位置する、地下での総延長が二キロメートルあまりにもおよぶと推定される、北西―南東方向にのびた割れ目火口列から始まった（図1）。噴出した溶岩はすべて玄武岩質《げんぶがん》のものである。青木ヶ原溶岩では、パホイホイ溶岩やアア溶岩（77ページ）をはじめとして、玄武岩溶岩のさまざまな表面形態のほとんどをみることができる[(3)]。

大室山スコリア丘の西方の延長一キロメートルほどの割れ目火口列から噴出した玄武岩溶岩は下り山溶岩グループとよばれるが、最初に流出したものは、パホイホイ溶岩をともなうアア溶岩が主体であった。これらの溶岩は、何回にもわたって山麓斜面を流下し、本栖《もとす》湖と当時富士火山の北麓に存在していた、せの海に流入し、これを急速に埋め立てた。せの海の中心部であったと推定される西湖南西の御殿庭で行なわれたボーリング掘削によれば、下り山溶岩は厚さ約六五メートルにわたってせの海を埋め立て、枕状《まくらじょう》溶岩やハイアロクラスタイトなどの水中溶岩となっている。[4][5] 本栖湖の湖岸付近には、当時の湖水中に流入した下り山溶岩グループの水中溶岩の一部が露出している。[6]

下り山溶岩グループは、噴出が進むにつれてパホイホイ溶岩を主とするものに移行し、最後に火口列付近に火砕丘群をつくってその活動を終えている。

下り山溶岩グループの噴出についで、下り山火口列の延長上にあたる大室山西麓の石塚付近から溶岩の流出が始まった。これらの溶岩を石塚溶岩グループとよぶ。

石塚溶岩グループは、一部にアア溶岩がふくまれるが、大部分はパホイホイ溶岩である。石塚溶岩グループは流下して下り山溶岩グループをおおうとともに、一部は下り山溶岩グループによって埋め残されたせの海東部に流入し、これを埋め立てた可能性がある。火口付近には火砕丘が形成されたが、これが現在の石塚である。富士風穴や本栖風穴などは、石塚溶岩グループのパホイホイ溶岩に形成された溶岩洞穴である。

新たな割れ目火口からの噴火

下り山および石塚の両溶岩グループの活動に引き続いて、今度は大室山の東側山麓の北西―南東方向にのびた割れ目火口から噴出が始まった。総延長一・五キロメートルあまりにわたる長尾山火口列および氷穴《こおりあな》火口列である。

氷穴火口列からの溶岩は二期に区分され、アア溶岩からなる古い方の氷穴溶岩グループⅠは、かつて天神《てんじん》山・伊賀殿《いがどの》山溶岩とよばれていた溶岩とほぼ同じものであり、天神山・伊賀殿山火砕丘の南東麓から噴出した可能性も残されている。天神・伊賀殿山火砕丘からの噴火については、その噴出年代が九世紀初頭(八〇六年)の延暦《えんりやく》年間にまでさかのぼる可能性が指摘されており、[2]一方、この付近では九世紀初頭以来貞観《じようがん》年間にいたるまで、半世紀ほどにわたって噴火活動が断続したとする考えもあって、[7]この問題にはまだ決着がついていない。

最近の研究では、氷穴溶岩Ⅰは神津島火山の流紋岩質テフラをおおっており、その堆積後の八三八年頃以降に噴出したらしい。[8]その場合、氷穴溶岩Ⅰは青木ヶ原溶岩の主要部が噴出した八六四年を二六年ほどさかのぼる時期以後に噴出したことになる。

氷穴火口列は、現在では直線的に配列した一〇数個のピットクレーター(陥没口)の集合体であるが、噴出した溶岩の分布などからみて、噴出当時はおそらく割れ目火口列であったものと考えられる。

パホイホイ溶岩からなる氷穴溶岩グループⅡは、氷穴溶岩グループⅠをおおい、長尾山火砕丘から噴出した降下スコリア層におおわれる。

大規模な長尾山溶岩

青木ヶ原溶岩で最後まで活動を続けたのが長尾山溶岩グループである。長尾山溶岩グループは、現在の長尾山火砕丘付近から噴出した。初めにアア溶岩とパホイホイ溶岩からなる長尾山溶岩グループⅠが噴出し、その一部は西湖付近にまで到達している。長尾山溶岩グループⅠは、火口付近ではアア溶岩が、西湖付近ではパホイホイ溶岩が卓越している。蝙蝠穴《こうもりあな》洞穴は、長尾山溶岩グループⅠのパホイホイ溶岩に形成された溶岩洞穴である。

次に噴出したのが長尾山溶岩グループⅡ・Ⅲである。長尾山溶岩グループⅡ・Ⅲのうち、最初に噴出したⅡは大規模なアア溶岩で、その一部は精進湖付近にまで到達して、下り山溶岩グループや石塚溶岩グループをおおっている。精進湖の南側で東海自然歩道の入り口付近に大規模な溶岩末端崖《まったんがい》を形づくっているのは、長尾山溶岩グループⅡの厚いアア溶岩である。

長尾山溶岩グループⅡの噴出時に形成されたと考えられる長尾山火砕丘群は、北西―南東方向に配列した少なくとも三個以上の火砕丘から構成されている。このうち南東端に位置し、形成年代のもっとも新しい長尾山火砕丘以外は、すべて破壊されており、現在ではその残骸が残されているだけである。長尾山溶岩グループⅡのアア溶岩には火砕丘の一部分がふくまれており（溶岩流によって運ばれてきた火砕丘の一部のことをラフト〈筏《いかだ》〉とよぶ）、残骸となっているこれらの火砕丘は、長尾山溶岩グループⅡのアア溶岩が噴出するさいに破壊されたものである可能性が高い。

長尾山溶岩グループⅡの噴出についで、青木ヶ原溶岩最後の活動として、長尾山溶岩グループⅢが長尾山火砕丘山麓から流出した。長尾山溶岩グループⅢは大量のパホイホイ溶岩からなるが、長尾山溶岩グループⅡをおおうとともに、北西は精進湖付近、北方は西湖付近、北東は鳴沢付近にまで到達している。現在鳴沢周辺で青木ヶ原溶岩とされているものは、そのほとんどがこの長尾山溶岩グループⅢであり、富岳《ふがく》風穴や鳴沢氷穴などの溶岩洞穴の多くは、この長尾山溶岩グループⅢに関連して形成されたものである。

一方、南西方向に流下した溶岩流は途中で西方に方向を変え、大室山西方の根原《ねばら》付近にまで到達している。また、長尾山溶岩グループⅢは、大室山東麓に大規模な溶岩プールを形成している。

最大規模の玄武岩溶岩

青木ヶ原溶岩は、二〇〇〇年前以降に日本列島に噴出した玄武岩溶岩としては最大規模のものであり、その総噴出量は一・四立方キロメートルにもおよぶものと推定されている。(9) 青木ヶ原溶岩は二カ所の割れ目火口列からあいついで大量の溶岩流を噴出し、富士山の北西山麓を溶岩の海で埋めつくした。

ハワイ・キラウエア火山で現在も噴火活動を続けているプーオーオー火山の二五年間の平均噴出率は毎

秒五立方メートルである。[10] これに対して古記録の記述が正しいとすれば、青木ヶ原溶岩の平均噴出率は毎秒二〇立方メートルを超え、それよりもかなり大きい。このときの噴火のすさまじさを物語る数字である。

しかし青木ヶ原溶岩のような大規模な溶岩流の噴出は、最近四五〇〇年間の富士火山の噴火史のなかでは比較的まれな出来事といえる。最近の富士火山の溶岩流としては、もっと小規模でアア溶岩からなるものが一般的である。したがって、今後こうした大規模な溶岩流の噴出が生ずる確率は大きくはないだろう。

溶岩流の移動速度はいくら速くても十分に避難可能な程度である。したがって、人命が多く失われる危険性はきわめて小さい。しかし、溶岩流の通路にあたる場所に存在する、土地をのぞく固定資産は完全かつ永久的に失われてしまう。富士山麓の溶岩流下の可能性のある地域の人びとは、溶岩流の噴出に対する十分な備えと心構えをしておく必要があることはいうまでもない。

富士山をもっと知るためのコラム

◆パホイホイ溶岩とアア溶岩——玄《げん》武《ぶ》岩《がん》溶岩の表面形態◆

ここで玄武岩溶岩の表面形態について少し説明しておこう。

一般に玄武岩溶岩には、大きく分けてアア溶岩とパホイホイ溶岩の2種類がある。

アアとかパホイホイとかふうがわりな名前であるが、これはマウナロア火山やキラウエア火山のあるハワイ島の原住民の言葉だ。アア溶岩の表面が、発泡してガサガサになった破砕された岩塊の集合体からなるのに対して、パホイホイ溶岩は、表面が破砕されずに連続面を形成しガラス質で平滑である(1)。

パホイホイ溶岩の表面は破砕されていないので、完全に固まる前に溶岩の流動によって形成された皺状の構造がそのまま残されていたりする。こうしたものは縄状溶岩とよばれる（2）。

ハワイの原住民にとって、溶岩の表面形態は歩きやすいか歩きにくいかを決定する重要な要因であった。もちろんアア溶岩は歩きにくく、パホイホイ溶岩は歩きやすい。溶岩の表面形態に固有の名前がつけられ識別されたのは、こうした生活上の必要性があったからだ。

アア溶岩とパホイホイ溶岩の違いは、溶岩の表面が破砕されているか否かにある。アア溶岩は、冷却して固まった溶岩の表面の殻が、内部の固まっていない溶岩の流動するさいに引きずる力によって破砕され、砕かれた岩塊の集合体となることで形成される。

これに対してパホイホイ溶岩では、表面の殻は破砕されず、先端部が丸みをおびた平滑な表面をもつ薄く平たい袋状の構造（ローブという）が形成され

1　アア溶岩（左側）とパホイホイ溶岩（右側）
ハワイ島キラウエア火山マウナウル火口から噴出した溶岩

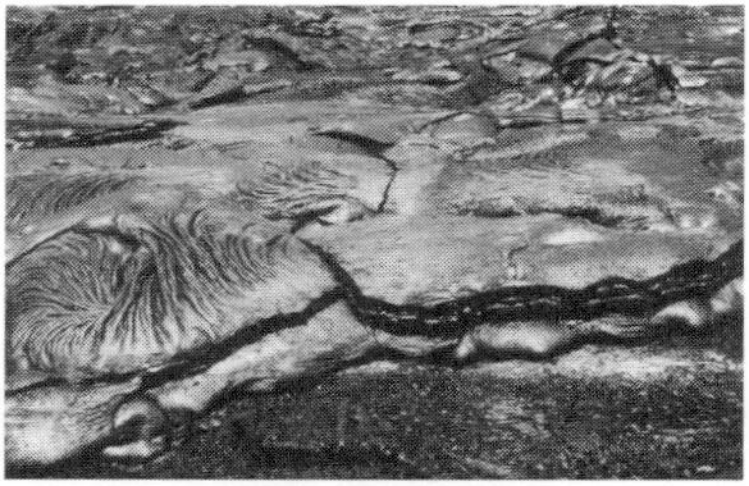

2　パホイホイ溶岩表面の縄状構造
溶岩の平滑な表面に皺が寄ってできた。ハワイ島キラウエア火山プーオーオー火口から流出した溶岩

3　パホイホイ溶岩のトウ
つまさきのような袋状の形態を示すことからこの名前がついている。ハワイ島キラウエア火山プーオーオー火口から流出した溶岩

る（3）。この丸みをおびた先端部は、人間の足のつま先のようなのでトウ（英語でつま先のこと）ともよばれる。やがて、前進するこの袋の先端部の殻が破れて内部の固まっていない部分があふれ出し、再びローブを形成する。こうしたことをくり返しながら、パホイホイ溶岩はゆっくりと前進を続ける。

　また、こうしたローブが多数融合して厚い溶岩を形づくると、その内部にまだ固まっていない流動性に富む溶岩が噴出口の方向からさらに供給されて、全体として膨張することもしばしばである。こうした現象を溶岩膨張という。局所的な溶岩膨張が起こると、溶岩の表面の殻がその部分だけ隆起して割れ、塚のようなテュムラスがつくられる（4）。青木ヶ原溶岩のパホイホイにも、溶岩膨張によって形成さ

富士山をもっと知るためのコラム

れたさまざまな構造がみられる。

また、地表を川のように勢いよく流れる溶岩流（チャンネル溶岩という）の表面の固化したマグマが天井をつくったり、内部のまだ固まっていない溶岩が移動し互いに連結しあうと、溶岩チューブ（溶岩トンネル）が形成される（**5**）。溶岩チューブを埋めたまだ固まっていない溶岩が流れ去ると、その後に溶岩洞穴が生まれる。溶岩チューブの天井部はしばしば陥没して天窓や陥没口が形成される。こうした溶岩チューブシステムを利用して溶岩が流れると、チューブ内は冷却されにくいため、未固結のまま、効率よくより遠くまで到達することができる。青木ヶ原溶岩のパホイホイには、溶岩トンネルのなれの果てである溶岩洞穴が多数認められ、観光や探

4　パホイホイ溶岩の表面に発達したテュムラス
溶岩内部に局所的に溜まった溶岩により膨張することでつくられる。ハワイ島キラウエア火山プーオーオー火口から流出した溶岩

5　パホイホイ溶岩に形成された溶岩チューブ（溶岩トンネル）

6　スラブ状パホイホイ溶岩
パホイホイ溶岩の表面が破壊されて板状のブロックの集合体となっている

7　ペースト状パホイホイ
パホイホイ溶岩とアア溶岩の中間の形態を示す。ハワイ島キラウエア火山カポホ火口から流出した溶岩

検の対象となっている。

やや粘り気（粘性）の高いパホイホイ溶岩が流れるさいに表面の殻が板（スラブ）状に破砕されたものを、スラブ状パホイホイという（**6**）。青木ヶ原溶岩にはスラブ状パホイホイが多くみられる。

表面形態がアア溶岩とパホイホイ溶岩の中間型のものも存在する。これは練り歯磨きのようなペースト状のものが変形したのとよく似た形態を示すので、ペースト状パホイホイともよばれる（**7**）。青木ヶ原溶岩には、こうした中間型パホイホイもよくみられる。

温度が下がって溶岩の粘性が増すとパホイホイ溶岩はアア溶岩に変化する。一方、粘性が同じ場合には、変形速度が大きくなるとパホイホイ溶岩がアア溶岩に変化する。また、逆に変形速度が小さくなると、アア溶岩がパホイホイ溶岩に変化するということも起きる。

ここでいう変形速度とは、同じ時間内に生ずる変形量の大きさを表わしている。変形速度が大きければ、同じ時間内の変形量が大きくなり、逆に小さければ変形量も小さくなる。

溶岩は一種の粘弾性体としての性質をもっている。粘性体を流体、弾性体を固体と考えると、粘弾性体とは流体と固体の両方の性質を備えている物体ということになる。溶岩は、変形速度が速いときには固体としてふるまい破壊を受けるが、遅いときには流体としてふるまい流動する。

変形速度を増大させる要因としては、斜面の傾斜

富士山をもっと知るためのコラム

や溶岩の噴出率があげられる。急斜面であったり、溶岩の噴出率が増大したりすると、溶岩の変形速度が増大してアア溶岩が形成される。

アア溶岩には、典型的なガサガサとした表面をもつこぶし大の大きさの岩塊の集合体であるカリフラワー・アア（野菜のカリフラワーに似ているのでこの名前がある）（8）、もっと丸味を帯びた表面をもつ大型のブロックの集合体からなるラブリー・アア（9）とがある。ラブリー・アアの一部は、不規則な形態や多面体の形態を示すブロックの集合体であるブロック溶岩に移化する。青木ヶ原溶岩にも、こうした多様な表面形態を示すアア溶岩がみられる。

一方、溶岩流が水中に突入するか、あるいは水底に噴出した場合には、パホイホイ溶岩のトウと類似した枕状《まくらじょう》溶岩や、急冷のために急速に収縮した結果、溶岩が破砕を受けて生じた、ハイアロクラスタイト（水中自破砕溶岩）などが形成される。本栖《もとす》湖に流入した溶岩の一部や、ボーリング掘削によって地下にその存在が確認された下《くだ》り山溶岩などには、こうした水底溶岩の特徴がよく表われている。

8　カリフラワー・アア溶岩
ハワイ島キラウエア火山マウナウル火口から流出した溶岩

9　ラブリー・アア溶岩
富士火山青木原ヶ原溶岩精進湖付近にみられる長尾山溶岩グループⅡの末端崖付近。丸みを帯びたブロックの集合体

3 大崩壊した富士山――御殿場岩屑なだれ

山体崩壊がつくる地形――流れ山

東名高速道路の御殿場《ごてんば》インターチェンジ付近は、最近まで大沼藍沢《おおぬまあいさわ》とよばれる湿地帯で、今でも便船塚《びんせんづか》など、船着場に使った小山が存在していたことをうかがわせる地名が残っている。また、御殿場市街地の周辺には、塚原や塚本など塚のつく地名が多数ある。今では開発が進み、もともとの地形がわかりにくくなってしまったが、これらの地域には長径二〇～三〇メートル、高さ五メートル程度の小丘が多数分布する（**図1**）。現在でも、富士山東麓の御殿場市上小林《かみこばやし》から水土野《みどの》にかけての地域では、林のなかに隠れた多数の小丘を発見することができる。これらの小丘はどのようにしてつくられたのだろうか？

一九八〇年五月一八日、アメリカ合衆国西部のワシントン州にあるセントヘレンズ火山が噴火とともに大崩壊した。このとき、山麓に広がった崩壊物の表面には「流れ山」*とよばれる多数の小丘がつくられた。この小丘の断面をみると、山体を形成していた地層が大きなブロック状の塊（岩屑《がんせつ》なだれ岩塊）となり、

図1　東名高速道路御殿場インターチェンジ近くの流れ山（1987年撮影）

山体にあったときの構造をほとんど崩さずに積み重なっていた。

これらのブロックの内部には多数の割れ目が入っていたり、岩石が砕けていたり、大小さまざまな断層が認められることもある。富士山東麓に分布する小丘の内部構造はまさにこのような特徴をそなえている（**図2**）。このことから、この小丘は山体崩壊にともなう流れ山であると考えられる。これらの流れ山をふくむ堆積物は、御殿場市一帯に広く認められることから、御殿場岩屑なだれ堆積物とよばれている。

静岡県が東海地震に対する防災対策のためにまとめたボーリング資料によると、御殿場岩屑なだれ堆積物は御殿場市滝ヶ原から水土野付近でもっとも厚く、その厚さは三〇メートル以上に達する（**図3**）。この付近では流れ山のサイズも長径約五〇メートル、高さ約一〇メートルと大きい（**口絵2**）。

＊流れ山　火山噴火や地震などをきっかけとして山や崖が大きく崩れることがある。この場合、しばしば巨大な岩塊や土塊を含む崩壊物が集団をなして流れくだる。岩屑なだれと呼ばれる現象である。岩屑なだれが麓に達して停止するあたりでは、多数の小さな丘をつくることが多い。これを流れ山とよぶ。

御殿場
岩屑なだれ
堆積物

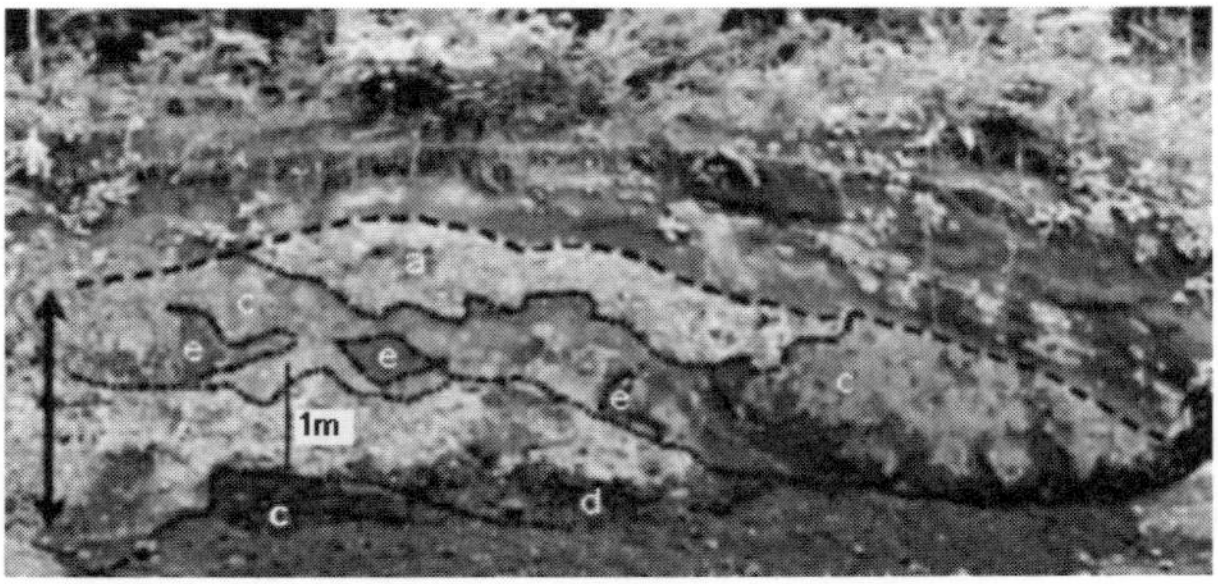

図2　御殿場岩屑なだれ堆積物がつくる流れ山の断面

（静岡県御殿場市上小林）

この流れ山ではa～eの5種類の岩屑なだれ岩塊が積み重なっている

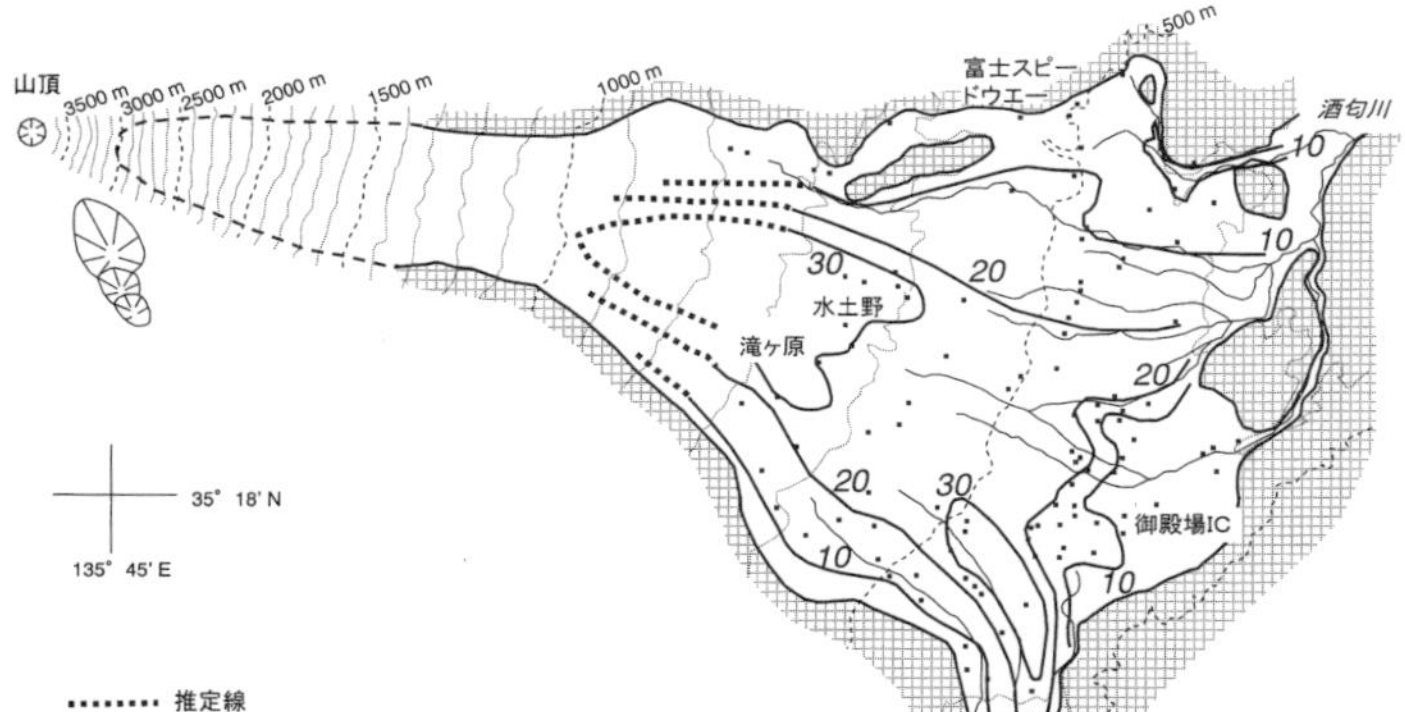

図3　御殿場岩屑なだれおよび御殿場泥流堆積物の地層の厚さ

[(1)より]

分布域西部の水土野や滝ヶ原付近では30m以上の厚さの御殿場岩屑なだれ堆積物が、北東部や南東部の河川ぞいの地域では10～30mの厚さの御殿場泥流堆積物が堆積している山体崩壊は噴火や地震により火山体の一部が崩れ落ちる現象で、成層火山ではその一生のなかで何度か発生することが知られている。ただし、その発生頻度は一般に数千～数万年に一度とまれにしか起こらない。

とはいうものの、崩壊した山体の一部は時速一〇〇キロメートルを超える高速で移動し、数十平方キロメートルの広範囲に広がるため、発生後に流下域から避難することはきわめて困難である。崩壊物や崩壊物が河川に流入した場合に発生する火山泥流《でいりゅう》（土石流）の厚さは、流下域では数十メートルに達することもある。このため、予期せずに山体崩壊が発生するとその被害は激甚なものとなる。崩壊が予想されていたセントヘレンズ火山の場合でさえ、想像を超える規模の爆風や多量の崩壊物により六〇人が犠牲となった。

御殿場岩屑なだれはいつ起こったか？

では、御殿場岩屑なだれを引き起こした大崩壊は、いつ、どこで、どのようにして発生したのだろうか？

御殿場岩屑なだれ堆積物が分布する富士山東麓の御殿場市一帯には、弥生時代中期以前の遺跡がほとんど認められない。このことは崩壊が弥生時代中期以前に発生したことを示している。火山灰層の積み重なり方から、御殿場岩屑なだれ堆積物は約三〇〇〇年前の砂沢《ずなさわ》スコリアの上で、二三〇〇年前のスコリア層の下に位置することがわかっている。より直接的な年代は、崩壊物中にふくまれる木材中の放射性炭素を用いた年代測定*により求めることができる。

二〇〇三年に小山町大御神《おおみか》の富士スピードウエーの改修工事現場で、御殿場岩屑なだれ堆積物の岩屑なだれ岩塊同士の間を埋める泥質の堆積物中より直径八センチメートルのモミの木が生木の状態で発見された。この生木の外皮の年代を測定した結果、紀元前九一五年と測定された。このことから山体の崩壊は約二九〇〇年前に発生したと考えられる。この年代はおよそ縄文時代晩期に相当する。

御殿場岩屑なだれはどこで起こったか？

では、このような崩壊はどこで発生したのだろうか？　山体崩壊が起きれば、その跡には一方向に開いてあたかも馬の蹄のような形をした陥没地形ができる。このような地形は馬蹄型カルデラとよばれている。西暦一八八八年に噴火して山体崩壊を起こした福島県の磐梯《ばんだい》火山には、このときの崩壊地形が今でもよく残されている。

ところが富士山の場合、山体崩壊後も山頂火口から何度もスコリア質の火山礫《かざんれき》やマグマのしぶきが火口の周辺に堆積したスパターなどの降下火砕物を噴出したり溶岩が流出したりして、東側斜面にできた崩壊跡地を埋め立ててしまった。その結果、現在、富士山には崩壊跡地が残されておらず、正確な崩壊現場は不明である。ただし、御殿場岩屑なだれ堆積物の分布域を山頂側にのばしてゆくと、富士山東斜面の標高三〇〇〇メートル付近から始まることから、このあたりに崩壊域が存在したものと推定される。

また、富士山の山頂火口の南縁部付近には三〇〇〇年前よりも古い溶岩が分布していることから、二九〇〇年前の山体崩壊のさいには、山頂部までは崩壊しなかったものと考えられる。空中写真により地形をくわしく判読した結果などから、この崩壊は富士山東側斜面の標高一五〇〇～三〇〇〇メートル付近で発生した可能性が高い。

山体崩壊のメカニズム

それでは、この山体崩壊はどのようなメカニズムで発生したのだろうか？　このことを考える前に、崩壊前の富士山はどのような形をしていたかを考えてみよう。

I－4章でも述べたとおり、富士山の東側には旧期溶岩が分布していない。この理由として、東側に分布した旧期溶岩が、その後発生した山体崩壊により削られ、失われてしまったとも考えられる。ところが、御殿場岩屑なだれ堆積物を構成する岩石の種類を調べたところ、予想に反して旧期溶岩はほとんど認められず、その大半は古富士火山末期の溶岩や火砕物だった。すなわち、旧期溶岩は、東側斜面にあった障害

＊**放射性炭素法による年代測定**　^{14}C法ともよばれる。炭素には放射性を持った^{14}C（普通の炭素は^{12}C）がわずかに存在する。^{14}Cは時間が経つと崩壊（放射性崩壊）して徐々に少なくなっていく。その割合は一定で、半減期と呼ばれる。この半減期を利用すれば、たとえば植物の場合、植物が死んで地層に埋もれてからの年代を、地層から取り出された植物遺体に含まれる^{14}Cの量を測定することにより知ることができる。

物に邪魔されて、東側に流れることができなかった可能性が強い。

このような現象が起こりうる原因として、富士山の東斜面に、古富士火山の山体の一部が尾根状に露出していたことが考えられる。もし、山頂火口のすぐ東側に、古富士火山が尾根ないし峰のような高まりをつくっていれば、山頂火口から噴出した旧期溶岩は東斜面を流れることができず、これを避けて北側や南側に流れることになる。一方、山体崩壊堆積物のなかには、わずかではあるが中期溶岩の岩石もふくまれていた。この事実は、旧期溶岩が最後に流れた約八〇〇〇年前には、まだ新富士火山の山頂火口は東側の古富士火山の高まりよりも低かったものが、三二〇〇～四五〇〇年前の中期溶岩が流出する時代になると、この高まりを越えられるほどに山体が高く成長していたことを示している。

流れ山を構成するブロックには白色や黄色の粘土の固まりが多数ふくまれている。このような粘土は古富士火山の溶岩や火砕物が変質したものである。このような変質現象は、熱水とよばれるマグマの熱で温められた地下水が富士山の内部を循環する過程で、岩石のなかの溶け出しやすい成分を流し出した結果生じたと考えられる。熱水変質が進んだ結果、珪素やアルミニウムに富む変質鉱物や粘土鉱物が形成される。山体内部に生成された粘土鉱物を多くふくむ地層は、強い振動を受けると変形し、上位の堆積物を支えきれなくなって、その結果上位層は滑り出してしまう。このため、大規模な地震などが発生すると、その振動で熱水変質した層を滑り面として大規模な崩壊が発生すると考えられる。

このように考えると、地震などの振動により富士山の東側に張り出していた古富士火山の山体の一部が、

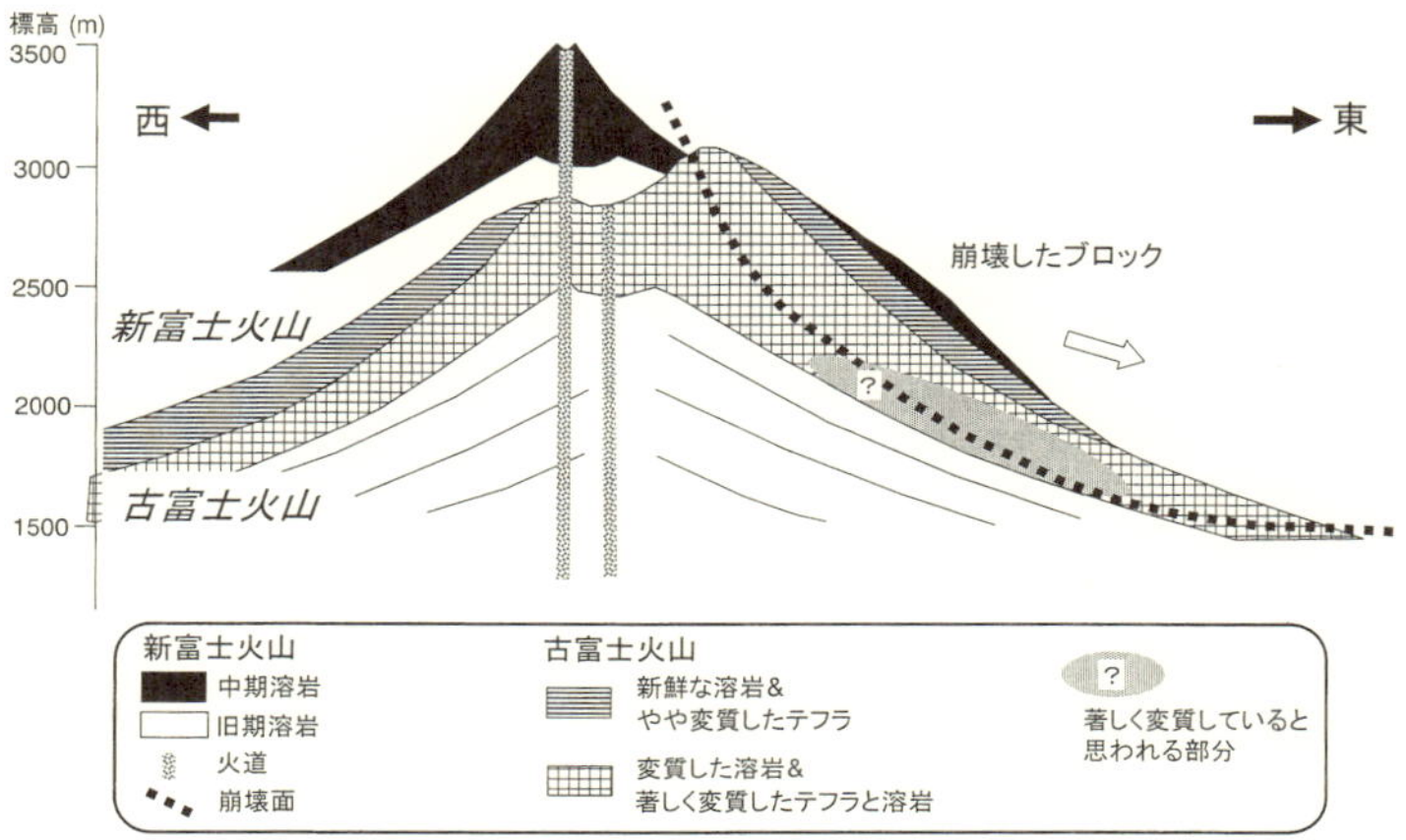

図4　御殿場岩屑なだれ発生時の富士山の推定断面 [(1)より]
富士山の東側に張り出していた古富士火山の山体の一部が、熱水変質帯を滑り面として山麓側から山頂側に順に3つの塊に分かれて崩壊した

その地下にあった熱水変質帯を滑り面として崩壊したという事態は十分にあり得ることである。

成層火山の山体崩壊の引き金としては、大規模な地震やマグマの上昇などにともなう山体の破壊が考えられる。御殿場岩屑なだれの場合、崩壊物の直上や直下には降下スコリアや火山灰、爆風にともなう堆積物などはみつかっていない。この事実は、この崩壊がマグマ噴火にともなうものではないことを示している。富士山の周辺では、富士山南西麓に位置する富士川河口断層群が約二九〇〇年前に活動したことが知られており[2]、その活動にともなう地震活動が富士山の山体崩壊を引き起こした可能性が高い。

富士山の山体崩壊

このような富士山の山体崩壊は、御殿場岩屑なだれ以外にも発生したのだろうか？　富士山東麓の湯船原から足柄《あしがら》付近にかけての地域には、古富士泥流とよばれる堆積物が分布する。東名高速道路の拡幅工事のさいに、溶岩や火砕物の成層構造や断層がそのまま保たれているブロックをふくむ流れ山の断面が露出した（**図4**）。同様な古富士泥流は南西麓の富士宮市元村山や西麓の田貫《たぬき》湖周辺にも分布する。

これらの堆積物は、いずれも山体崩壊による岩屑なだれ堆積物であり、またその年代から、富士山では、最近二万四〇〇〇年間の間に、少なくとも四回の崩壊が生じたと考えられる。二九〇〇年前に富士山の東斜面に存在していたと推定される古富士火山の張り出しも、あるいは古富士火山の活動時期に発生した山体崩壊で崩れ残った部分だったのかもしれない。

これらの堆積物にはいずれも変質した岩塊が多数ふくまれていることから、山体崩壊は地下の熱水変質帯の分布と大きく関係している可能性がある。現在、富士山の山体に古富士火山の張り出しはなく、崩れやすそうな部分は確認できない。ただし、熱水変質帯がまだ地下に残っていれば、その部分を中心に大崩壊することもありうるため、山体崩壊を予測するためには、地下の熱水帯の分布を把握するための技術の開発がなにより不可欠である。

崩壊後の二次泥流――御殿場泥流

富士山東麓の標高五〇〇メートルより低い地域には、御殿場岩屑なだれ堆積物に由来する御殿場泥流堆

図5　東名高速道路ぞいに現われた古富士火山の岩屑なだれ堆積物
（静岡県小山町桑木）

積物とよばれる泥流堆積物が分布する。御殿場泥流は、一度停止した御殿場岩屑なだれ堆積物が降雨により泥流になったり、岩屑なだれが直接河川に流入したりして発生したと思われる。もっとも河川に流入すると、もともと河川にあった堆積物を巻き込み下流に流れくだるため、河川堆積物とほとんど区別がつかない。

ボーリング資料や現地調査結果によれば、御殿場市板妻《いたづま》付近で御殿場泥流は河川堆積物に移り変わろうとしており、その層厚は三〇メートルに達する。御殿場岩屑なだれの主流がもっとも遠方まで到達した御殿場駅から便船塚にかけての地域を分水嶺として、現在、これよりも北側には酒匂川《さかわ》が、南側には黄瀬川《きせ》が流れている。

御殿場泥流のうち酒匂川に流入したものは下流域の足柄平野付近では山北火山砂礫層とよばれ、黄瀬川に流れこんだものは黄瀬川扇状地堆積物とよばれる。

ボーリング資料によれば山北火山砂礫層の層厚は、小山町から山北町にかけての酒匂川の谷部では三〇～四〇メートルに達する。(3) また、相模《さがみ》湾に近い鴨宮《かものみや》付近でも数十センチメートルと薄いながらも広い堆積面をつくっていることから、山体崩壊により発生した土砂は河川堆積物となり酒匂川を埋めつくし、太平洋まで流れ下ったと考えられる。

一方、黄瀬川扇状地堆積物は、三島市～沼津市にかけての黄瀬川流域では三〇～四〇メートルの厚さがある。(4) 山体崩壊にともなう火山泥流は、崩壊後少なくとも数十年あるいは一〇〇年以上の長期間にわたりくり返し発生し、下流域に洪水を引き起こしたと思われる。

4
富士山の噴火と巨大地震

「富士山の噴火と一緒に大きな地震が起こったら大変」、誰もがそう思うだろう。実際、富士山は間近に巨大地震の巣、いわば火薬庫をいくつも抱えているのである。あるいは、逆に、巨大地震にとってみれば富士山が火薬庫といったほうがよいのかもしれない。富士山の噴火と巨大地震が連動して起こったことはあるのだろうか。そして、将来そのようなことが起こる可能性はないのだろうか。

巨大地震の巣

日本列島は、いくつかのプレートが絡み合う複雑な地質構造の上に成り立っている。富士山は、その複雑な構造のなかでも、特異な場所に位置している。日本列島に向かって北進するフィリピン海プレートの最北端が伊豆半島、その伊豆半島が日本列島の中央部に衝突しているまさにそこにできたのが富士山なのである。富士山の噴火とこのフィリピン海プレートの動きにはきっと関係があるにちがいないと考えるのはごく自然であろう。

I—3章でも述べたように、伊豆半島をはさんで、フィリピン海プレートは東側と西側の両方から日本列島の下に沈み込んでいる。東側の相模《さがみ》湾のなかにある溝状の深まりが相模トラフ、西側の駿河《するが》湾のなかから南西にのびる深まりが南海トラフで、これらがフィリピン海プレートの沈み込む場所になっている。南海トラフの北東の端の駿河湾内の部分は、駿河トラフとよばれることもある。この伊豆半島や富士山をはさんだ両側が、巨大地震の巣なのである。フィリピン海プレートが年に数センチメートルの速度で日本列島の下に沈み込みを続けていることで、西側の南海トラフでは一〇〇年から一五〇年、東側の相模トラフではそれよりもやや長い周期で、巨大地震がくり返し発生してきた。

相模トラフの巨大地震

東側の相模トラフが関係した巨大地震でもっとも新しいのが、西暦一九二三年の「関東地震」（M7・9）である。一〇万人以上が犠牲となったこの地震については、東京における火災の被害が強調されがちであるが、地震動そのものや地殻の変動、そしてこれらによる被害は西側の神奈川県などのほうがより大きかった。この地震のもととなった震源の断層運動が、ほぼ神奈川県直下で起こったからである。

相模トラフでくり返し発生してきた巨大地震のうち、一九二三年の関東地震のひとつ前の地震が一七〇三年の「元禄地震」で、M8前後であったといわれる。このときも江戸では火災の被害が大きかったが、地震動による被害は小田原など相模のほうで大きかった。元禄地震の震源の断層は関東地震の場合よりも広くて、より南東側にのびていたらしい。さらにさかのぼると、一四三三年に相模で被害のあった地震が元禄地震のひとつ前、一二五七年、または一二九三年に鎌倉などで被害のあった地震がそのひとつ前の相模トラフでの地震らしいが、いずれもM7を超えるとされる規模であったにもかかわらず、史料が少ないためにくわしいことはわかっていない。

南海トラフの巨大地震

伊豆半島や富士山の西側、つまり南海トラフで発生する巨大地震はどうであろうか。これらには一〇〇年から一五〇年程度の間隔でくり返し発生するという規則性に加えて、紀伊半島の潮岬沖付近を境にして、東の東海側での大地震が発生すると、間もなく西の南海側でも大地震が発生するといううきわだった規則性がある。東海側と南海側での大地震発生の間隔はほとんど同時であったり、数日であったり、数年であったりとさまざまである。しかし、一〇〇年以上というくり返し周期からみるとごく短時間であることにはちがいない。この地域の巨大地震は、東の東海地震と西の南海地震のペアが連動しながら発生してきたのである。

南海トラフで発生した巨大地震のうちもっとも新しいのは、一九四四年の東南海地震（M7・9）と一九四六年の南海地震（M8・0）のペアである。一九四四年の地震では、東海側の全域が震源域にはならず北東端の駿河湾内の部分が破壊せず残ったために、「東南海」というちょっと妙な名前がつけられてしまった。この破壊されずに残った場所で近い将来発生するであろうと予想されているのが、いわゆる「東海地震」である。この一九四〇年代の地震の前に南海トラフにそって起こった巨大地震が一八五四年の「安政地震」、そのさらにひとつ前が本書でもたびたび登場する一七〇七年の「宝永地震《ほうえい》」である。安政地震のときは東海地震のわずか三二時間後に南海地震が発生したが、宝永地震では東海地震と南海地震が同時に発生したと考えられている。いずれもM８を超す規模をもち大津波も発生させた、本当の巨大地震であった。

南海トラフの巨大地震と富士山の噴火

南海トラフにそって発生する巨大地震については史料も比較的多く残っていて、六八四年のいわゆる白鳳地震（M８$\frac{1}{4}$）以来、くり返し発生した地震の様子がほぼ明らかになっている。[(1)] そこで、こうした富士山の両側で発生してきた巨大地震と富士山の噴火活動の関係をみることにしよう。

図１に丸印で示したのは、富士山の噴火時期である。富士山の噴火の記録については、古くから調べられてきた。武者金吉が編集した『増訂大日本地震史料』には、地震だけではなく富士山などの噴火の記録もふくまれており、たとえば、理科年表の表「日本のおもな火山に関する噴火記録」に載っている富士山噴火の年代もほぼこれにそったものとなっている。ここに示した**図１**では、小山真人によるさらに詳細な調査の結果、信頼性が高いとされた噴火時期のみを採用した。[(2)]

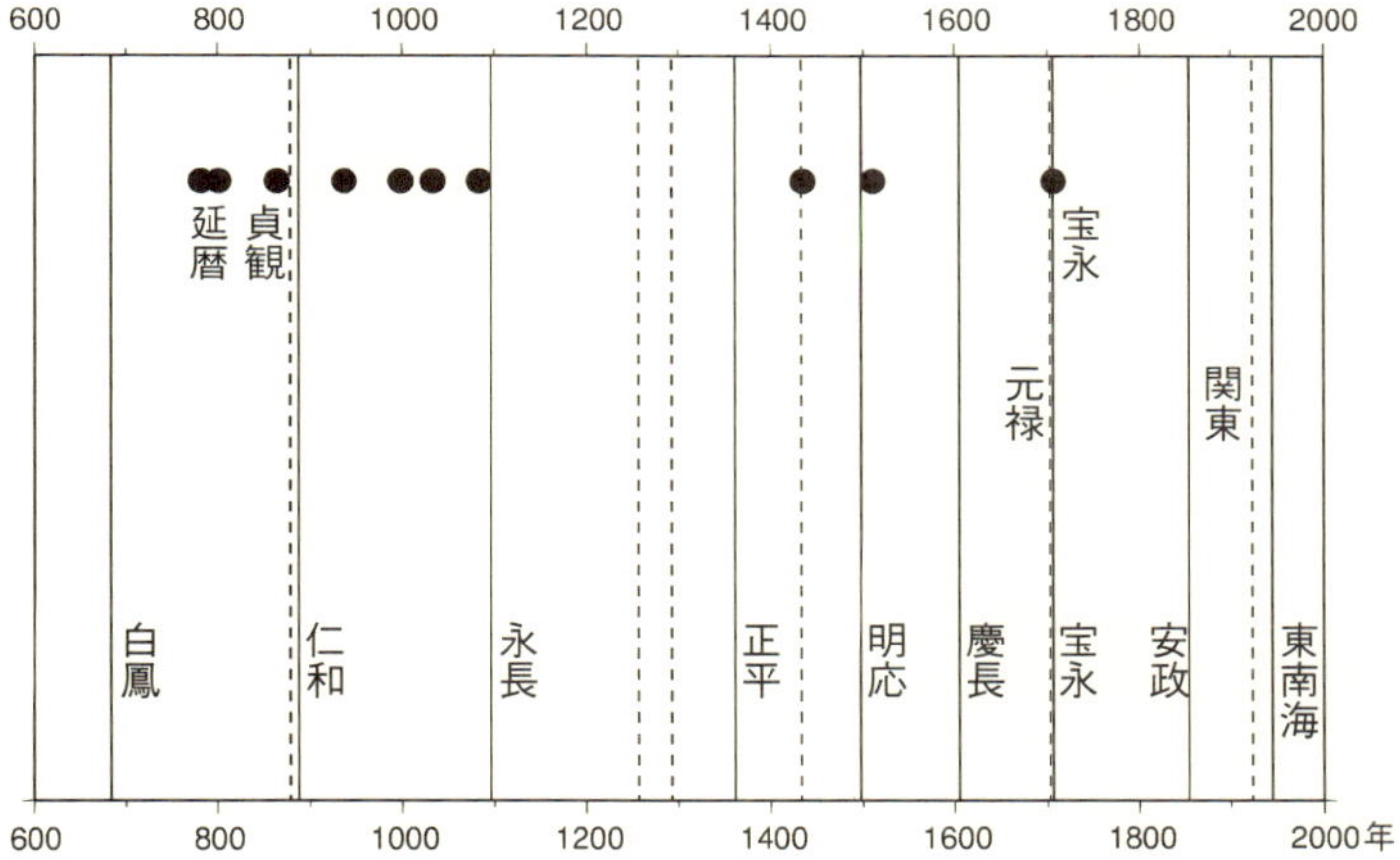

図1　富士山の噴火とその周辺での大地震の発生時期
●印が富士山の噴火、——が南海トラフぞいに発生した地震、-----が相模トラフぞいに発生した地震の時期を表わす

この図には、理科年表の「日本付近のおもな被害地震年代表」などをもとに、相模トラフおよび南海トラフぞいに発生した巨大地震の時期も、それぞれ破線と実線で示してある。ただし、南海トラフぞいの地震については、潮岬沖から東側の富士山により近い部分が震源となったと思われるもののみをとり上げた。

図1に示された富士山の噴火時期をみると、一一〇〇年から一四〇〇年の間がまったく空白になっていることや、一七〇七年の宝永噴火以降に目立った活動がないことに気づくであろう。前者については、この時期に本当に富士山の活動が低調であったかどうかはよくわからない。中世のこの時代、噴火などの事件が漏れなく史料として残されているとは限らないからである。その意味でも、宝永の噴

火以降三〇〇年近くも富士山が「だんまり」を続けていることは、不気味にさえ感じる。この期間に富士山に何か異変があれば、確実に記録が残っているはずだからである。

巨大地震と富士山噴火との関連に注目したとき、この図でもっとも目立つのは、一七〇七年の宝永噴火の時期とそれに先立つ宝永地震（M８・４）および一七〇三年の元禄地震の時期がほとんど重なってみえることである。宝永地震は南海トラフの全域がほぼ同時に破壊したと思われる巨大地震であったが、富士山が大噴火したのはそのわずか四九日後であった。宝永地震後、噴火の直前に富士山付近でも地震活動が活発化するなどの現象がみられたようである。宝永地震の位置が近くて規模もきわめて大きいことや噴火にいたるまでの日数を考えると、この地震が噴火の引き金となったことはまず間違いないであろう。四年前の元禄地震もM８前後の規模をもつ巨大地震であり、宝永の噴火との関係は否定できない。

このほか、**図1**のなかで大地震と富士山噴火の時期が接近してみえるのは、一四三三年の関東の地震と一四三五年の噴火である。一四三五年の富士山の噴火については武者の編集した『増訂大日本地震史料』にはないが、小山によれば、山梨市のお寺に伝わる年代記「王代記」に炎がみえたという記録があるとのことである。一四三三年の地震についても史料が乏しくてよくわからないが、一九二三年の関東地震や元禄地震ほどは規模が大きくはなかったかもしれない。しかしこれが相模トラフからのフィリピン海プレートの沈み込みによる大地震であったとすれば、二年後の富士山の「噴火」との関連も否定できないであろう。

以上のふたつの例をのぞくと、この図からはフィリピン海プレートの沈み込みにともなう大地震と富士山の噴火が短い間隔、たとえば一〇年以内で発生したという例をみつけることはできない。貞観《じょうがん》の噴火（八六四〜八六六年）は富士五湖のうち西湖《さい》と精進湖《しょうじ》をつくったほど大規模であったが、その一〇年以上後に発生した相模トラフからの沈み込みによる可能性のある地震（八七八年）や二〇年以上も後に発生した仁和の東海地震（八八七年）は、「連動した」というには間隔が開きすぎているように思える。また、一〇年や二〇年以上も前の噴火が巨大地震の引き金になるのだとしたら、どのようなメカニズムを考えればよいのであろうか。

富士山の噴火と巨大地震が連動したかどうかという点にしぼって考えれば、宝永の噴火と地震をのぞいてほとんど例がなく、一四三三年の地震と一四三五年の噴火があるいは連動したのかもしれない、というあたりが確実なところであろう。しかし、富士山の周りでくり返し発生してきた大地震が、富士山の活動とほとんど関係がなかったというわけではない。

昔の富士山の活動を調べるには、古文書などの調査が不可欠である。しかし、年代記のようなきちんとした古文書にみられる火山噴火などの記録は限られている。つじよしのぶは、「古今集」、「竹取物語」、多くの和歌集などの文学作品に残された富士山の記述にまで対象を広げて、富士山の噴煙等の活動の歴史を調べた[3]。その結果、南海トラフぞいに起こったいくつかの東海地震、たとえば正平地震（一三六一年）、明応地震（一四九八年）、慶長地震（一六〇五年）、宝永地震（一七〇七年）、安政地震（一八五四年）が

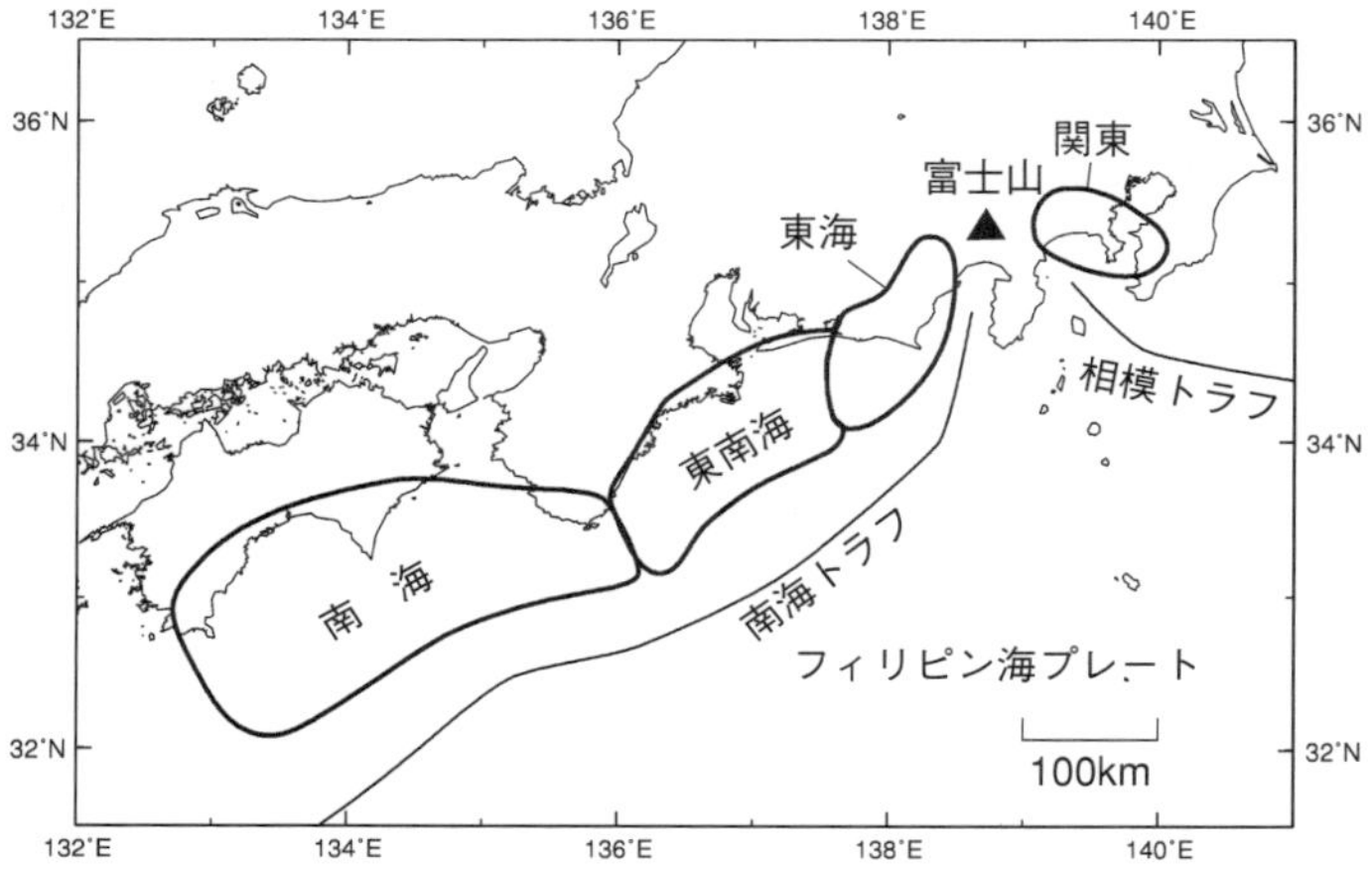

図2　相模トラフおよび南海トラフぞいに発生するとされている巨大地震の震源域（中央防災会議の資料による）

発生した後に噴煙がみられたなど、富士山の活動が活発になったとしている。

予想される巨大地震と富士山の噴火

この先、富士山は、そして周辺の大地震はどうなるのであろうか。**図2**に示したのは、相模トラフと南海トラフから沈み込むフィリピン海プレートによってこれから発生するとされている、巨大地震の想定震源域である（中央防災会議の資料にもとづく）。曲線で囲まれたそれぞれの想定震源域の大きさが地震の規模、すなわちマグニチュードに関係するが、想定される東海地震の震源域がほぼM8に相当する大きさであり、南海地震や東南海地震の震源域はそれよりやや大きい。ここに示した想定される関東地震の震源域は一九二三年の関東地震に相当するものであるが、一七〇三年の元禄地震の震源域はこれよりやや大きくてより南東にのびていたと考えられている。

この図2をみて、富士山が、想定されている関東地震や東海地震の震源域にきわめて近いのに改めて驚かされる。関東地震については、くり返し周期が二〇〇年程度と長く、地震調査委員会の長期評価によっても、今後数十年以内に発生する確率は現時点ではまだ低い。しかしながら、東海地震はもちろん、南海地震や東南海地震の発生確率は年々高まりつつある。地震調査委員会の長期評価によれば、南海地震や東南海地震が今後数十年以内に発生する確率はどちらも五〇パーセントを超えている。

もしも東海地震の発生が遅れてこれらの地震の発生と連動するようなことがあれば、その震源域の長さは六〇〇キロメートルにもなる。これは、M8をはるかに超える地震の規模に相当する震源域の大きさである。富士山の噴火と連動したことがほぼ確実である一七〇七年の宝永地震は、まさにこのように南海トラフ全域を震源域とする本物の巨大地震であった。

これまでみてきた過去の事例から考え、巨大地震の発生が富士山の噴火と連動するとしたら、宝永地震のような東海・南海合併型地震のときではなかろうか。富士山からは溶岩や火山灰、地面は大揺れで大津波まで発生する。考えただけでも恐ろしくなる。しかし、このようなことが起こるには、巨大地震発生時に富士山のほうもそれなりに噴火に向けての準備ができている必要がある。宝永の地震と噴火でこのような条件がととのっていたのには、何か理由があったのであろうか、それともたんなる偶然だったのだろうか。

III 富士山の空と水

1 富士山の笠雲——富士山気候気象学入門

富士山は巨大な独立峰であり、その気象現象にも独特のものがある。また、富士山が宝永《ほうえい》クラスの大規模噴火を行なった場合に、その火山灰の降下する範囲は、噴火時の風向などの気象条件によって強く支配される。火山災害と気象とは、密接な関係をもっているのである。ここでは、こうした富士山特有の気候気象について述べることにしたい。

富士山頂の気候

一年を通しての富士山頂における平均的な気候状態をまず確認しておこう。気温は、年平均でマイナス六・四℃であり、最寒月は一月のマイナス八・五℃、最暖月は八月の六・〇℃、月平均で〇℃を上回るのは、六～九月の四カ月だけである（一九七一～二〇〇〇年の統計）。冬を中心に風が強く、毎秒一〇メートル以上の日は三一三日を数える（一九七三～二〇〇〇年の統計）。さらに、霧日数は、七月の二二・二日を最多、一二月の一二・八日を最少として、年間二一一日にも達する。登山者にとって脅威の雷日数は、

図1　東南東斜面中腹「太郎坊」のカラマツ偏形樹
強風の風圧と乾燥による蒸散の促進の結果、卓越風風上側の枝葉の生長が止まったり障害を受けるため、樹形が特異な形態を呈するものを偏形樹という

最多の七月に三・〇日、年間で一五・五日と、山頂部の発雷は意外に少ない。

降雪日数は三月の一七・一日を最多、八月の〇・二日を最少として、年間一一三日（一九九〇〜二〇〇〇年の統計）におよぶ。

雪の終日（平均七月一〇日）と初日（九月一四日）は、その年の最高気温出現日を境として区別されるので、最高気温が観測されてから初めての雪が初雪になるが、その雪も後日最高気温が更新されれば、前冬の「なごり雪」となる。

次に、風についてみてみよう。五合目付近におけるカラマツの偏形樹（**図1**）が如実に示しているように、中腹以上では冬の偏西風が卓越し、上空のジェット気流（偏西風のもっとも強いところ）の影響を受けている。富士山頂における風速は平均でも毎秒一〇数メートルに達し、毎秒三〇メートルを超えることもめずらしくない。冬の季節風が非常に乾燥していることも作用して、風上側の枝葉は生長できず、夏にのびかけた枝葉も冬に折れたり枯れたりすることが多い。その結果、写真のような偏形樹が形成される。

ただし、山頂付近に吹く強い風の風下側では渦巻きを生じ、逆向きの風向になることもある。東南東斜面の太郎坊で「つむじ風」が吹きやすいのはそのためで、一九六六年三月五日の英国海外航空（ＢＯＡＣ）機の事故も、西北西風の風下側に生じた乱気流域で起きたものだった。その乱気流内では、最大風速毎秒六一メートル、最大瞬間風速は毎秒八一メートルに、また通常は桁違いに小さい鉛直流も最大毎秒三五メートルに達していたものと推定されている。[(1)(2)]

富士山頂でも気温上昇？

現在、地球温暖化が進行中だが、日本の最高峰である標高三七七六メートルの富士山頂でも、気温は上昇しているのだろうか。一九四二〜二〇〇三年（六二年間）の年平均気温の上昇率は約プラス〇・八℃で、一〇〇年間に換算すると、一・二℃の上昇となる（**図2**）。くわしくみると、じつは一九八五年頃までは、年々変動はあるもののほとんど上昇傾向は認められない。一九八〇年代半ば以降になってから、約一℃あまり急激に上昇したとみる方が妥当である。気候変動はそう単調には進まないが、この傾向が続くと仮定すれば、五〇年後には五℃も昇温する計算となる。

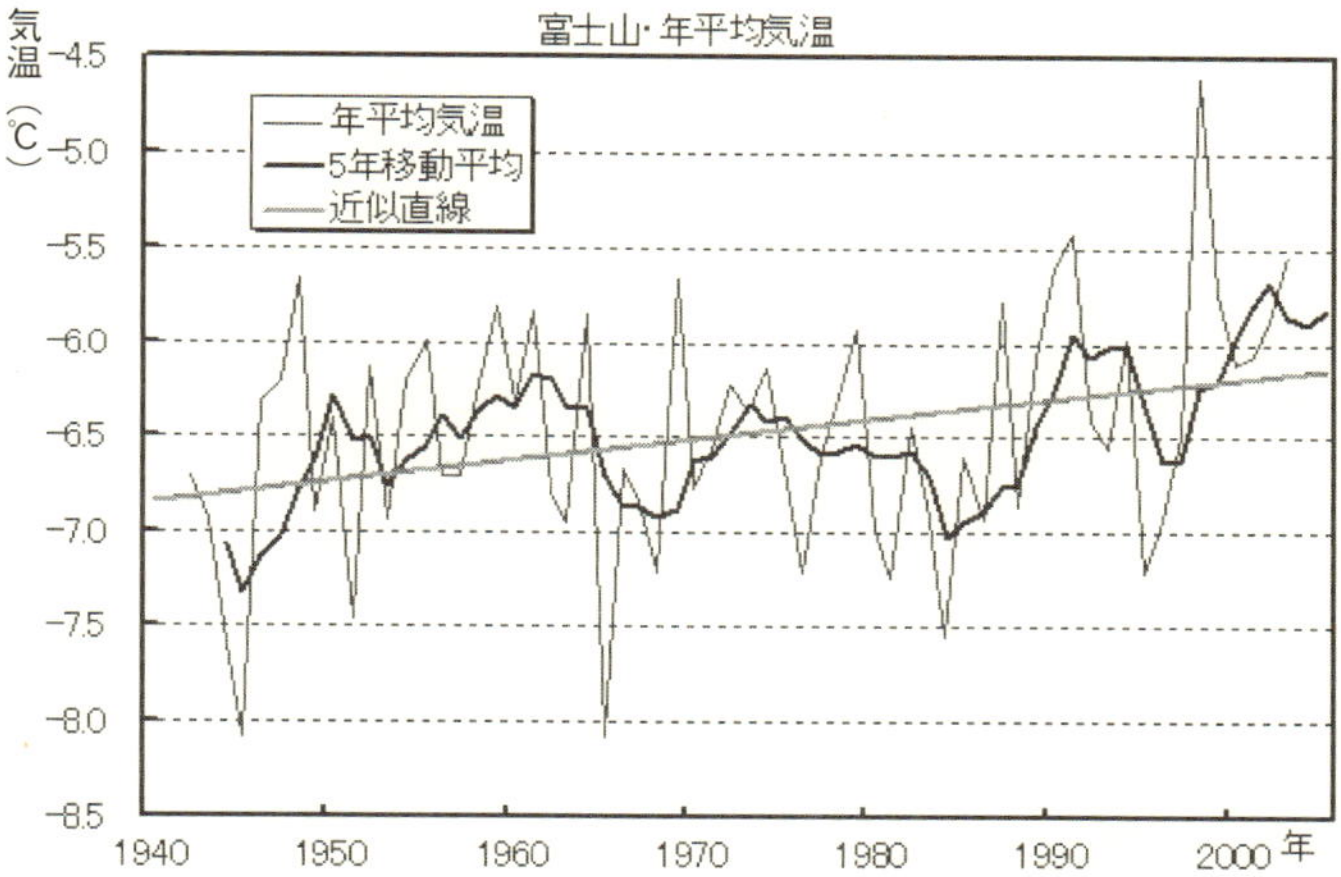

図2　富士山頂測候所（3775m）における年平均気温の変動と変化傾向。気温の年々の変動（実線）と1942～2003年（62年間）の変化傾向（点線）

1980年代後半にはレジームシフト（気候変動における急激な変換時期）、1998年には20世紀最大級のエルニーニョ年の2年目にあたり地球的規模で異常高温が観測されたことを示す［(3)より］

季節的にみると、夏季の変化はさほどでないが、冬季の昇温率が大きい(3)。その分、気温の年較差（最暖月と最寒月の平均気温の差）は縮小傾向で、植生など生態系への影響も懸念される。また、湿度*は減少傾向である。これは気温の上昇によるだけでなく、大気中の水蒸気の量自体も減少したことを示している。冬季をのぞいてその傾向が顕著なことから、富士山周辺はやや乾燥した気団をともなう移動性高気圧や北太平洋高気圧におおわ

＊**湿度**　大気中に含まれる水蒸気の程度を示す用語。ここでは、相対湿度のことをさす。相対湿度とは、〔気塊に含まれる実際の水蒸気量〕÷〔同気塊がその気温のもとで含みうる最大の水蒸気量〕×一〇〇（％）。一般に、標高の高いところほど、相対湿度は小さくなる。

図3　スラッシュ（雪崩）を引き起こした低気圧接近時に現われた二重の「レンズ笠」

南西側にたなびくレンズ状で、この特異な形態の笠雲は、季節はずれの低気圧の異常発達や風害の前兆を示していたのかもしれない（撮影：河口湖カメラ、2004年12月4日10：04）

れる機会が増えてきていることなどがその原因であると推測される。三〇〇〇メートルを越す高地といえども、地球温暖化とは無縁でいられないのである。

そこで気になるのが、山頂部の地下の「永久凍土*」の存在である。二〇〇三年のように春の残雪が多ければ、永久凍土は守られる。一方、二〇〇四年のように春の融《ゆう》雪《せつ》が早まれば、斜面の山肌は日射を受け、地表付近の水分はどんどん蒸発、ますます昇温するため、永久凍土は上部からとけ出してしまう。さらに、岩石同士をつなぎとめている氷がとけると、岩崩れを誘発する危険性も出てくる。積雪が永久凍土を育み、永久凍土層が地表の雪氷を涵養《かんよう》するという相互作用があるだけに、温暖化の影響が心配される。

それを示唆するような事態が生じた。二〇〇四年一二月三日、台風二七号崩れの温帯低気圧が発達しながら東日本を北東へと進んださい、富士山西斜面・大沢で、スラッシュ（slush）とよばれる大量の岩塊や砂を巻き込む雪崩が発生した。対流圏下層に二〇℃近い暖気が入り、山頂でもプラスの気温を観測。すでに七合目まで積もっていた雪は一気に八合目まで後退した。東京では五日六時二〇分に毎秒四〇・二メートルという最大瞬間風速の記録を更新、東日本各地で風害が発生した。じつは前日の朝、その前兆とも

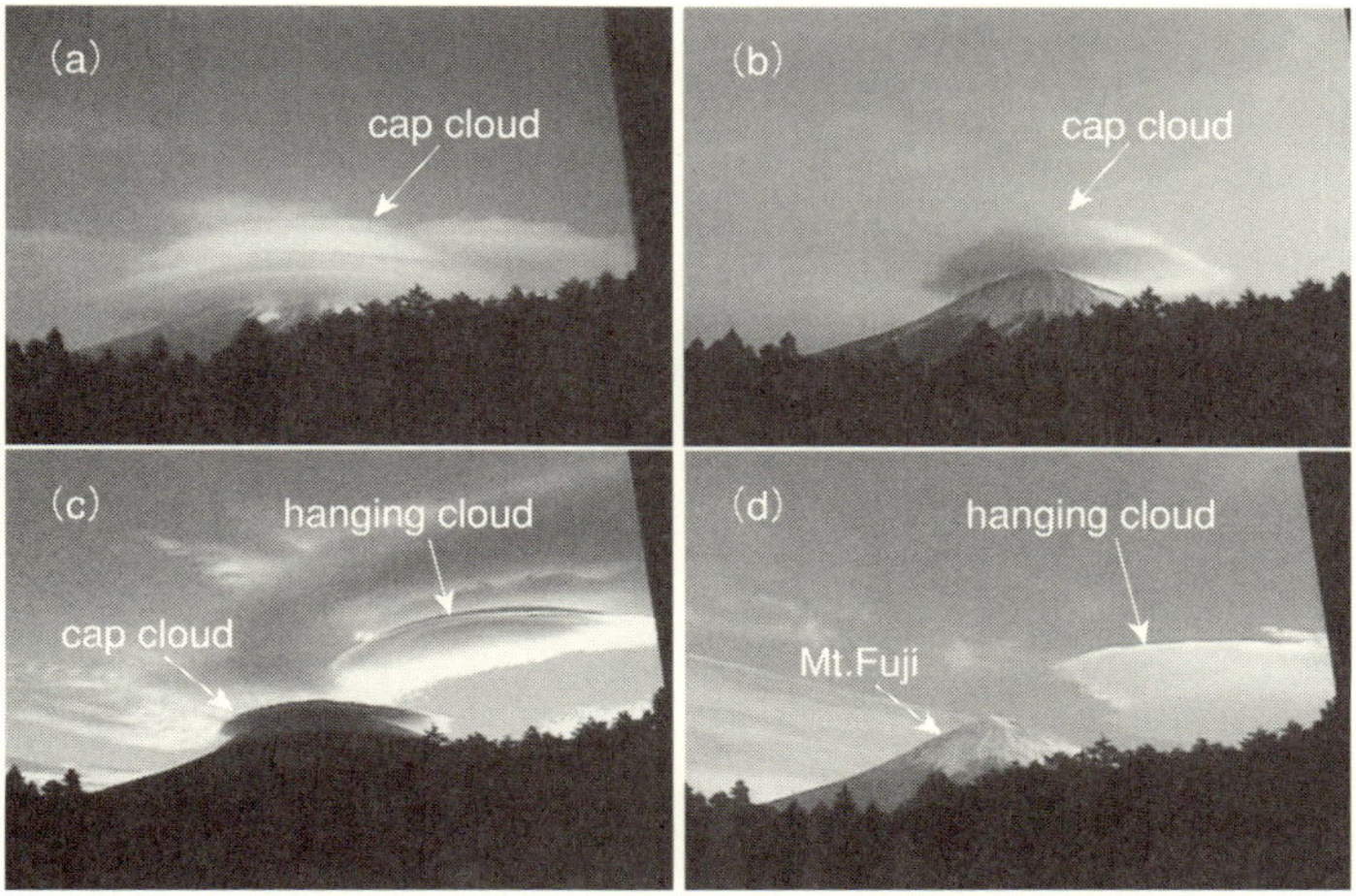

図4　富士山頂にかかる笠雲(cap cloud)と吊し雲(hanging cloud)
（a）2002年5月27日01：30、（b）同年2月17日07：05、（c）同年7月8日16：45、（d）同年12月16日08：30（撮影：南西カメラ、(5)より）

思える笠雲（図3）を富士山監視ネットワークの河口湖カメラはとらえていた。

笠雲は悪天の兆し？　その出現条件は…

「笠雲は悪天の兆し」とは、富士山のような孤立峰ではよく知られた天候についての言い伝えであるが、七〇～八〇パーセントの確率で当たるといわれている。[4]

ここで、富士山にかかる笠雲と吊し雲（図4）がどのような条件下で発生するのか改めて整理してみよう。①下層大気に多量の水蒸気が

＊**永久凍土**　地下の凍土層で、夏でも融解せず存在する。地球が温暖化すれば、融解が進み、縮小する。日本では北海道・大雪山と富士山で確認されている。富士山の凍土層は一九七六年には標高三二〇〇メートルだったが、[6]二〇〇〇年には標高三五〇〇メートルに上昇したとの指摘もある。冬に凍結するが、夏に〇℃以上となってとけることをくり返す場合を、季節凍土という。

ふくまれていること。②下層風が一様の流れを示す（乱れが少ない）こと。③山頂付近に安定層（下ほど低温）が存在すること。これらが三大条件といえる。

①の条件を満たすのは、一般に南よりの風が吹くときである。気圧の谷の東側では南西風が吹きやすく、太平洋からの水蒸気を供給する。地上の気圧配置の観点からは、南岸低気圧（日本列島の南岸沖を進む低気圧）や二つ玉低気圧（日本列島をはさんで通過するペアの低気圧、主に南岸低気圧と日本海低気圧の組み合わせ）の場合、あるいは日本列島上に前線が横たわる場合がこのパターンとなる。

②については、数分以上にわたってほぼ一様な風向・風速（山頂で毎秒数～二十数メートル）になることが必要である。富士山の場合、ちょうど南西側にその山麓の広がりとほぼ同じ空間スケールをもつ駿河《するが》湾が存在するため、南西風時には駿河湾上からの風が富士山斜面を吹き上がる。笠雲や吊し雲の発生には、その地形効果を無視することはできないだろう。

③は山頂部で積雲状（鉛直方向に発達）ではなく、層状（水平方向に発達）の雲を形成するための必要条件である。雲が発生するときには凝結熱（水蒸気が凝結するさいに生ずる熱）が放出され、上昇気流を強めるが、笠雲や吊し雲の発達には、鉛直方向への雲の成長を抑えるしっかりとした安定層の存在が不可欠だ。

その安定層は大きく三タイプに分けられる。

①高気圧にともなうタイプ……高気圧あるいは気圧の峰（リッジ）の圏内では空気は下降するが、下降

気流のもとで気温は上昇するので、その気層とすぐ下に接する気層との間に安定層ができる。

②前線にともなうタイプ……寒気団と暖気団が接触するのが前線面であるが、その面を境として重たい寒気団の上に軽い暖気団という構造になる。

③層雲上にできるタイプ……秋や冬を中心として、地表からの放射冷却（晴れた風の弱い夜間に地表の熱が奪われる現象）による低温層ができる。霧（層雲：上方からみれば「雲海」）が二〇〇〇メートル級の高度に出現すれば、その上面で放射冷却が進行し、富士山頂付近にまで安定層が達することもある。

具体例でみる笠雲出現の背景

ここでは、富士山に出現した笠雲（**図5**）の具体例をあげる。衛星画像をみると、日本海には低気圧・寒冷前線、関東沖には小さな低気圧がある。その間は気圧の峰になっていて、緩やかな下降気流があり、右記①のタイプの安定層が形成されていた。東へ進む寒冷前線が停滞する小低気圧との間にある安定層の空気を圧迫して、「波状雲」を出現させた。そして下層の南西風が富士山の南西斜面を滑るように上昇してできた笠雲は、このような強い安定層内で発生したといえる。ちなみに、ウインド・プロファイラー（対流圏中下層の風向・風速および上昇・下降気流をとらえる測器）によると、静岡・河口湖とも上昇気流と下降気流が交互に現われ、それが水平移動しているが、このことは波状雲の存在を示唆するだけでなく、安定層の安定度が増していることを端的に示している。

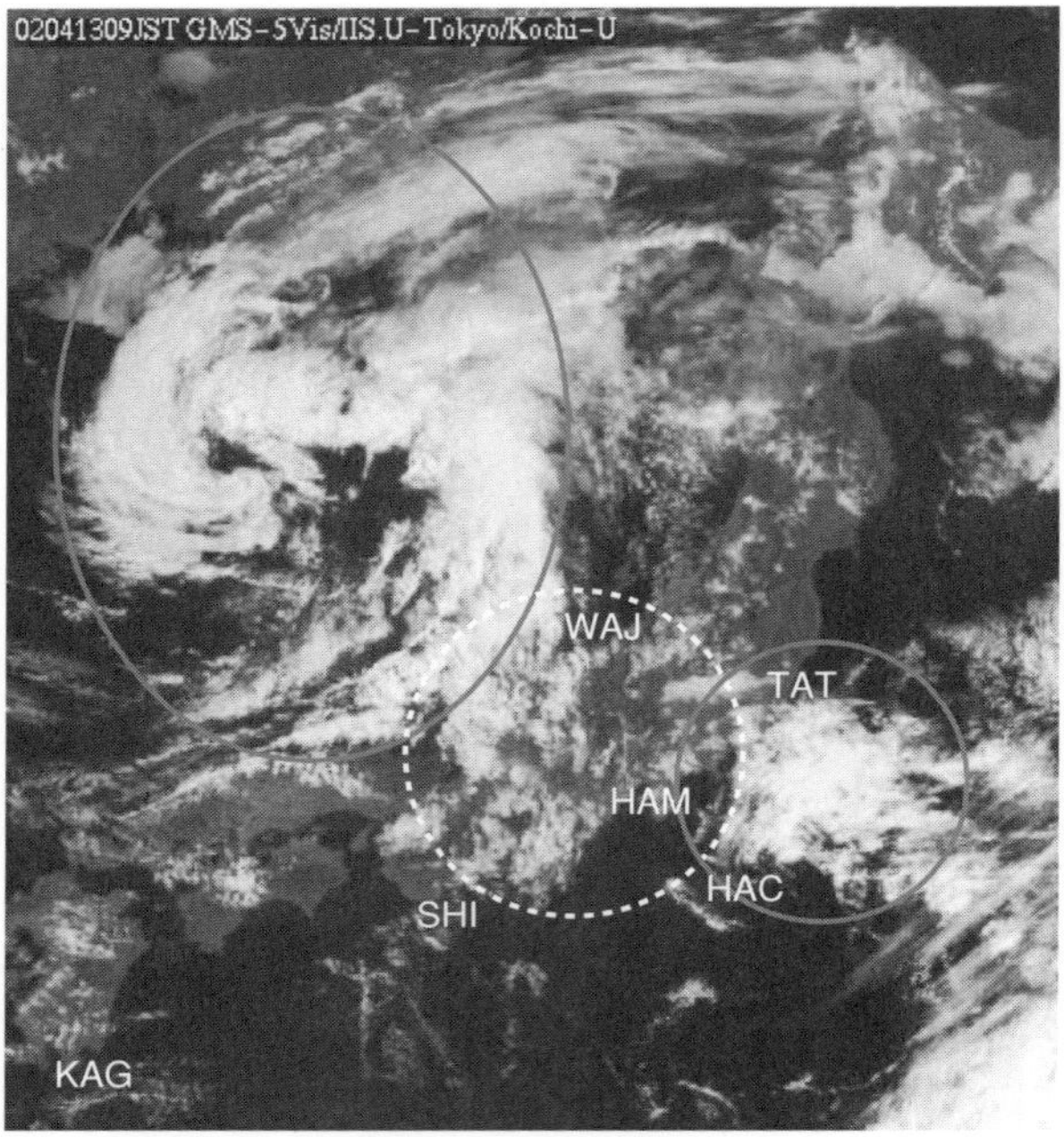

(a)

(b)

図5　日本海低気圧（西の楕円内）にともなう寒冷前線と関東沖小低気圧（東の円内）の間の安定層を示す波状雲（中間の破線円内）（a）とともに発生した笠雲（b）

（a：GMS5号の可視画像、TAT：館野、HAC：八丈島、HAM：浜松、WAJ：輪島、SHI：潮岬、KAG：鹿児島／b：南西カメラ；ともに2002年4月13日09：00、(7)より）

先に述べたように、下層における湿潤空気の流入は笠雲発生の必要条件である。気圧の谷の通過前には湿潤空気が流入するので、笠雲は天気の下り坂を示す目安となる。いったん北上した梅雨前線が、日本列島を徐々に南下することの多い七月は、笠雲の頻発月である。

実際には、笠雲が出現しても翌日雨にならない確率も二〇〜三〇パーセント程度はある。具体的には、気圧の谷の通過が速いために天気の崩れが小規模であったり、悪天（上昇気流）をほとんどともなわない気圧の谷が衰弱しながら通過したり、寒暖両気団のぶつかり合う寒冷前線の南端部にあたっていたりする場合が該当する。寒冷前線の南端部は「しっぽ」といわれる部分にあたり、雨は降りにくい。また、冬には、典型的な西高東低型の気圧配置が崩れ、やや湿った南成分の風が流れ込むさいに笠雲が出現することもあるが、冬季の天気変化は急テンポで、大きく崩れずにすぐに冬型気圧配置に戻ることも少なくない。

まれにみる連日の笠雲出現

二〇〇三年八月二七〜二九日に行なわれた私たちの富士山野外実習はまれにみる幸運に恵まれた。二八日早朝、山中湖セミナーハウスをチャーターバスは出発し、朝日に輝く赤富士を仰ぎながら、観測場所へと向かう。御殿場《ごてんば》口五合目付近にあたる太郎坊（東南東斜面の中腹）をはじめ、富士山の五合目以下の山腹はまもなく厚い霧に包まれた。しかし、ゆっくりと日本海を南下中の秋雨前線の影響を受けて、山頂には立派な笠雲が出現し、六合目以上ではそれをつぶさに観察することができた。雲は千変万化の様相をみ

図6　南斜面五合目よりみた笠雲(上)と吊し雲(下)
上の写真は山頂部、下の写真はその風下側の東斜面上空を望んでいる。下の写真には、中層の強風を示すレンズ雲もみられる（矢印の先）（撮影：2003年8月29日11：30）

せた。太郎坊でも一時間ほど遅れて霧が晴れ、笠雲が現われ、自然の神秘を堪能することができた。

翌二九日、まだ居座る日本海の秋雨前線のおかげで、再度、笠雲ならびに吊し雲の一種「つばさ雲」まで観察という機会を得た（図6）。二日連続の絶好の観測日和。雲は強風に翻弄《ほんろう》され、時々刻々と姿を変える。その幸運をかみ締めつつ、山を下りた。

一年後の富士山野外実習を実施した二〇〇四年七月二九日は、九五五ｈＰａの勢力を保った台風九号が八丈島の南約一五〇キロメートルの海上を毎時九キロメートルという自転車並みのゆっくりとした速度で西進していた。おり悪しく、二九日は雨が降ったりやんだりの状況であり、やむなく観測は中止となった。二九日夕方、富士山に予期せぬ現象が起こった。山中湖セミナーハウスの富士山監視カメラが、山頂上空に笠雲と吊し雲をとらえたのだった。それらは台風特有のめまぐるしく変化する空模様のなかでの、わずか三〇分たらずの出来事であった。通常、吊し雲は偏西風の風下側、つまり東側に現われる。そのため富士山の東北東側に位置する山中湖はその真下に入ることが多く、監視カメラの画面で吊し雲をとらえることはできない。しかし当日は、台風の北側にそって吹く東寄りの風にともない、西方に吊し雲が現われた。山中湖のカメラが吊し雲をとらえた、きわめてめずらしいケースであった。

笠雲が山頂から離れて出現する「離れ笠」も、一瞬ではあるが現われた。「離れ笠は晴天の前兆」といわれる。期待は膨らんだ。しかし、三〇日も動きの遅い台風の影響が残り、富士山は厚い雲におおわれ、四～五合目で強雨に遭遇するはめになった。一瞬の離れ笠は、晴天の兆候ではなかった。しかし、台風に

図7　富士山南南東斜面六合目における根元曲がりのカラマツ

よる大量の水蒸気流入は、富士山をめぐる雲観察には好適な条件を提供してくれた。

富士の雪は何を語っているのか？

山頂部に雪をいただく均整のとれた姿の富士山。しかし、その積雪分布は東西南北に対称の円形とはならず、とくに東側で中腹付近にまで広がる非対称な分布を示す。

富士山で雪が降り積もるのは、冬の季節風が吹きすさぶときではなく、本州南岸を低気圧が通過するときである。関東平野の地表付近では南岸低気圧に向かって三陸沖から北東気流が入るが、上空にいくにつれて風向は時計回りに変化し、標高一五〇〇メートル前後では南風、二〇〇〇メートル前後で南西風、山頂付近では西南西風になるような構造をしている。その太平洋から運ばれてくる空気には水蒸気が十分ふくまれる。関東平野部は一〇℃ぐらいで雨となっていても、標高が増すにつれ気温は下がり、およそ一五〇〇メートル以上の高地においては雪で、斜面に降り積もる。雪はその南西〜西風に流され、風下側に吹き溜まる。低気圧が通過し終わるころ、北西風が入り、雪はやむが、積もった新雪を南東方へ吹き寄せる。富士山六合目、宝永火口に近い南南東斜面に生育する「根元曲がり」のカラマツ（図7）は、風下吹き溜まり域に当たり積雪が深いことを示している。

また、雪のとけ方にも特徴がある。北東斜面にくらべて南西斜面は日射が当たりやすく、主に午後の気温の高い時間帯に日差しがあるため、効率的に雪どけが進む。それら降雪と融雪の相互作用の結果、北東ないし東斜面の積雪が多くなりやすい。

一般に、地球温暖化にともなって積雪は少なくなる。しかし、富士山では、対照的に山頂付近の降雪が多くなることも想定される。地球温暖化が進行すると、冬のシベリア寒気団は弱くなるが、アリューシャン低気圧はむしろ強くなる可能性がある。シベリア高気圧が弱くなる分、代わって日本列島の南岸を通過する低気圧の頻度が増加する。それは富士山にとって多雪の可能性が増大し、雪どけにともなうスラッシュ、あるいは噴火が起きた場合に想定される融雪型火山泥流《でいりゅう》などの災害の危険度増大を意味している。

富士山をもっと知るためのコラム

◇富士山の「農鳥《のうとり》」ってなに？◇

富士山にも「雪形《ゆきがた》」という現象がある。雪形とは、春になって雪がとけ、残雪が周囲の山肌とのコントラストで独特な模様を呈するもので、富士山では北斜面の「農鳥」が知られている。

例年、「農鳥」は五月上旬頃に現われ、農作業開始の目安とされる。ところが、二〇〇三年は事情が異なっていた。同年一月七日、山梨日日新聞は、「農鳥」が極端に早く現われたことを報じた。「寒中の農鳥は人を食う」という恐ろしい言い伝えもあるが、この言い伝えは的中し、二〇〇三年は大冷夏に見舞われた。

そのメカニズムを推察すると次のようになる。

寒中に入った一月上旬、富士山上空のジェット気流とそれにともなう強い西風が、多少あった積雪を吹き飛ばしてしまい、農鳥の登場となった。一般に、本格的な冬には、ジェット気流は日本の南方約一〇

2003年1月初め、異常に早く出現した富士山北斜面の雪形「農鳥」
（山梨日日新聞提供、2003年１月７日19面より）

〇〇～二〇〇〇キロメートルまで南下している。しかし、北極寒気団の勢力が比較的弱い場合は、ジェット気流がちょうど日本上空を吹き渡る。大冷夏の二〇〇三年には、その半年前の真冬からジェット気流の変調が起こっていた。

その後、五月三日にはジェット気流が日本の西で大きく南へ蛇行し、日本列島の南岸で低気圧が発達、それによって富士山で大雪が降った。そして季節はめぐり、残雪のきわめて多いまま夏を迎えた。

ジェット気流はその流れ方と位置によっては、いろいろな種類の異常気象につながる。極東における夏の北へ向かう大きな蛇行（ブロッキング現象）は、オホーツク海高気圧の異常発達、北日本太平洋側へのヤマセ（冷湿な北東気流）の吹走、冷夏を招く。二〇〇三年はジェット気流の蛇行に派生した気候システムの変調が極端な形で現われ、大冷夏、大凶作（水稲の作況指数、都道府県別にみた最低値：青森県五三、全国平均九〇）にいたった。

富士山の「農鳥」は、夏の不順な天候を察知して警戒の鶏鳴を発していたのかもしれない。

2

富士山をめぐる水

富士山は水の宝庫

火山、とくに第四紀に活動した新期の火山は、山体の表層が間隙《かんげき》の大きな堆積物でおおわれているために一般に透水性がよく、豊かな地下水の貯水体となっている場合が多い。火山が、地表に突出した巨大な〝黒いダム〟と称される理由がそこにある。

したがって、火山の山麓を流域にもつ河川群は、河川流量に占める地下水の涵養《かんよう》量が大きく、渇水期にも流量が極端に減少することがないことから、安定した水資源の確保にとって重要な役割をはたしている。火山地帯を流れる河川のこのような特徴は、日本の河川の各流域の単位面積あたりの低水量や渇水量について比較してみるとはっきりしており、富士山の南麓を流下し沼津市で狩野《かの》川に合流する黄瀬《きせ》川はその典型的な例である。

富士山における水のあり方を知るためには、「容《い》れもの（貯水体）」としての山体の規模と形態上の特徴を明らかにすることが必要である。富士山を大きさの面からとらえると、底面積は約九三〇平方キロメートルあり、平均直径が約三五キロメートルのほぼ円錐形《えんすいけい》とみなすことができる。ただし、底面の形状は北西―南東方向に長軸をもつ楕円形を示し、側《そく》火山の多くも同じ方向にそって並ぶ。富士山の山体の下に隠された古い火山体や基盤の第三紀層までふくめた全体としてのみかけの体積は、約一二〇〇立方キロメートルと見積もられる。

垂直方向には、標高一七〇〇～一八〇〇メートルを境に斜面勾配が不連続となり、森林限界は標高二〇〇〇～二四〇〇メートル付近に位置する。(1)富士山の山体には、比較的新しい放射状の谷が発達している。標高二五〇〇メートル以上の山頂近くに分布する谷は、頂上のほぼ直下に谷頭をもち、山腹から山麓にかけてみられる河川や湧水の涵養源としての重要な機能をもつとされる。富士山の頂上までを標高五〇〇メートルごとに分けてそれぞれの面積を算出してみると、標高一五〇〇メートル以下のいわゆる山麓部分が全面積の約九五パーセントを占めており、(2)この点も富士山の形態上の特徴のひとつである。

後述するように、富士山の山麓には豊かな湧水が多くみられ、山体に降る雨や雪とそれらの行方を追いかけるうえでは、斜面を東西南北の四方向に大きく分けると考えやすい。この区分は、河川の流域を形づくる地形的な分水界、あるいは地下水流動系の地域的な単位と必ずしも一致するものではないが、富士山麓の水を概観する場合に使われることが多い。(3)総面積の三〇パーセントを占める北斜面は、山中湖と本栖《もとす》湖の流域を東西の境界とし、四斜面のなかでもっとも大きな範囲を占める。南斜面は、東斜面とは比較的明瞭な境界をもって接しているが、西斜面との境はあまり判然としていない。

富士山が受ける雨と雪の量

富士山麓の河川・湖と地下水は、資源と環境の両面において人びとに計り知れない恵みをもたらしてきた。これら自然界の水の動態を探るうえで、雨や雪の量とその空間的・時間的変化の実態を把握することは欠かすことのできない課題であるが、山岳地域における降水量の観測には困難をともなう場合が多い。**図1**は、富士山とその周辺地域を対象とした年降水量の平年値の分布を示したものであり、一五〇〇ミリメートルから三〇〇〇ミリメートル以上にわたって分布していることがわかる。年降水量の六五〜七〇パーセントは、五月から一〇月までの半年間にもたらされる。

一方、積雪と融雪は水資源の量的・質的な評価にとって重要な意味をもつが、降雪量が降水量に占める割合についてはいまだ明らかにされない部分が多い。長期的な統計資料によれば、富士山頂における初雪と初冠雪の平均期日はそれぞれ九月六日と九月二七日であり、終雪は七月九日とされる[4]。近年は地球規模の気候変化により、降雪期間ばかりでなく降水量と蒸発散量の経年変化にも温暖化の影響がおよんでおり[5]、こうした変化の今後の動向を継続的に注視していくことが必要である。

図1にみられるように、富士山における年降水量の分布は東斜面に多く、篭坂峠《かごさか》を中心とする丹沢《たんざわ》山地の西方延長部に多雨域が存在する。広域的にみた降水量のこのような分布の特徴は、東斜面に流路延長の

図1　富士山とその周辺における年降水量(mm)の分布 [(3)より]

表1　富士山麓の斜面別にみた降水量

地域区分	面積（km^2）	降水量（mm/年）	降水量（億m^3/年）
北斜面	293	2,220	6.50
西斜面	156	2,190	3.42
南斜面	243	2,270	5.52
東斜面	277	2,570	7.12
計	969	2,330	22.56

短い谷がよく発達し、小規模な渓流を局地的に形成している事実とも関連性のあることが指摘されている。(3) 東斜面の降水は御殿場《ごてんば》口登山道を分水界とし、北方の酒匂《さかわ》川流域と南方の黄瀬川流域にわかれて流下する。静岡・山梨両県の県境にあたる天子《てんし》山地の東側でも、やや大きな値が観測される。

これに対し、西斜面、および河口湖から富士吉田市にかけての桂《かつら》川に沿う低地部では、降水量の少ない傾向が認められる。富士山の降水の大部分は熱帯性低気圧や前線が原因となっており、太平洋からの湿潤な気流が東から南と西にかけての斜面に降水をもたらす。東斜面の降水は相模《さがみ》湾、西斜面の降水は駿河《するが》湾からそれぞれ供給される水蒸気によるところが大きいとされる。

降水量を水資源の基礎資料として地域単位でとらえるうえでは、単位時間あたりの水深によって表わすことに加え、その値に対象地域の面積をかけた総量（体積）で見積もることが必要である。富士山麓を前記のように四方向の斜面に分け、おのおのの斜面における降水量の値を面積とともに整理したものが**表1**である。これによれば、富士山に一年間にもたらされる降水量の総量は約二二億五六〇〇万立方メートルであり、北斜面と東斜面で総量の六〇パーセントが占められている。ちなみに比較の観点から目安となる数値をあげれば、本栖湖の貯水量は三億二〇〇〇万立方メートル、富士五湖をすべて合わせた貯水量は五億一五〇〇万立方メートルである。

水の旅のゴールとしての湧水

湧水は、地下水面と地表面との接点においてみられる現象であり、地中に浸透した降水や地表水が変質を受けて再び姿を現わした地下水の一形態と考えることができる。その変質の程度は、涵養から湧出までの流動にともなう距離と時間、流動の過程で接触する地質環境によって決定されることとなる。したがって、湧水の水温・水質や湧出量の特徴を比較検討し、涵養高度を明らかにすることは、水の履歴や年齢を探るための重要な手がかりを得ることにつながる。

富士山麓における代表的な湧水の分布を**図2**に示す[(6)]。もっとも高い地点に位置する湧水として確認されている例は、標高一六七〇メートル（富士宮口二合目付近）の湧水であるが、多くは標高一〇〇〇メートル以下、とくに六〇〇メートル以下の高度にあって、山麓を帯状に取り巻くように分布する。湖底や海底に湧出する湧水については従来未知の部分が多かったが、しだいにその実態が明らかにされるようになり、水収支の面だけでなく、湖や海域への栄養塩の供給源として果たす地下水の役割が再評価されつつある。たとえば西湖《さい》（湖面標高八九八メートル）では、水深二五メートルの地点において湖底湧水の存在が確認されており、湧出地点周辺の湖水には、溶存酸素や同位体組成に地下水の影響が認められる[(7)]。一部の湧水

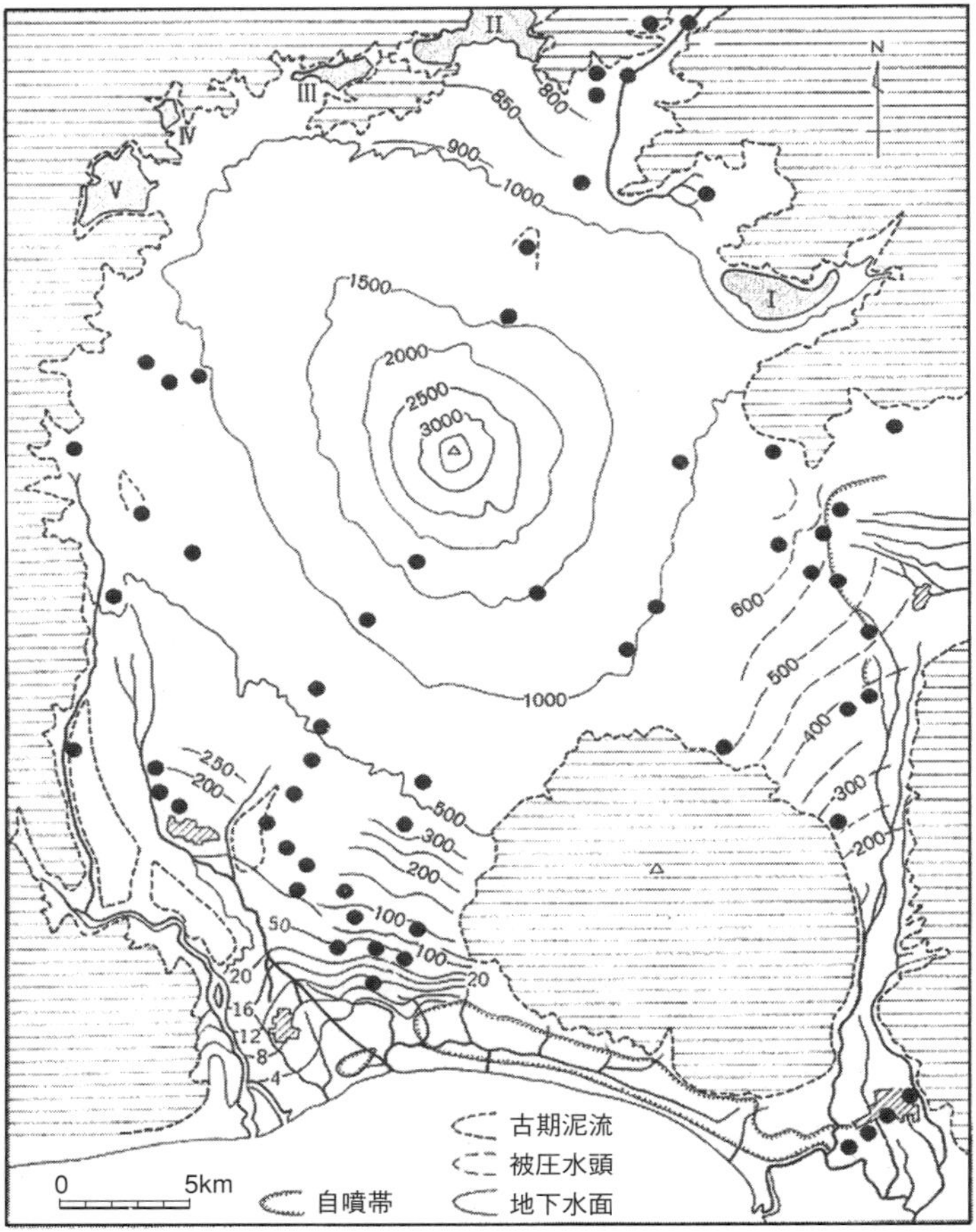

図2　富士山麓における代表的な湧水の分布 [(6)より]

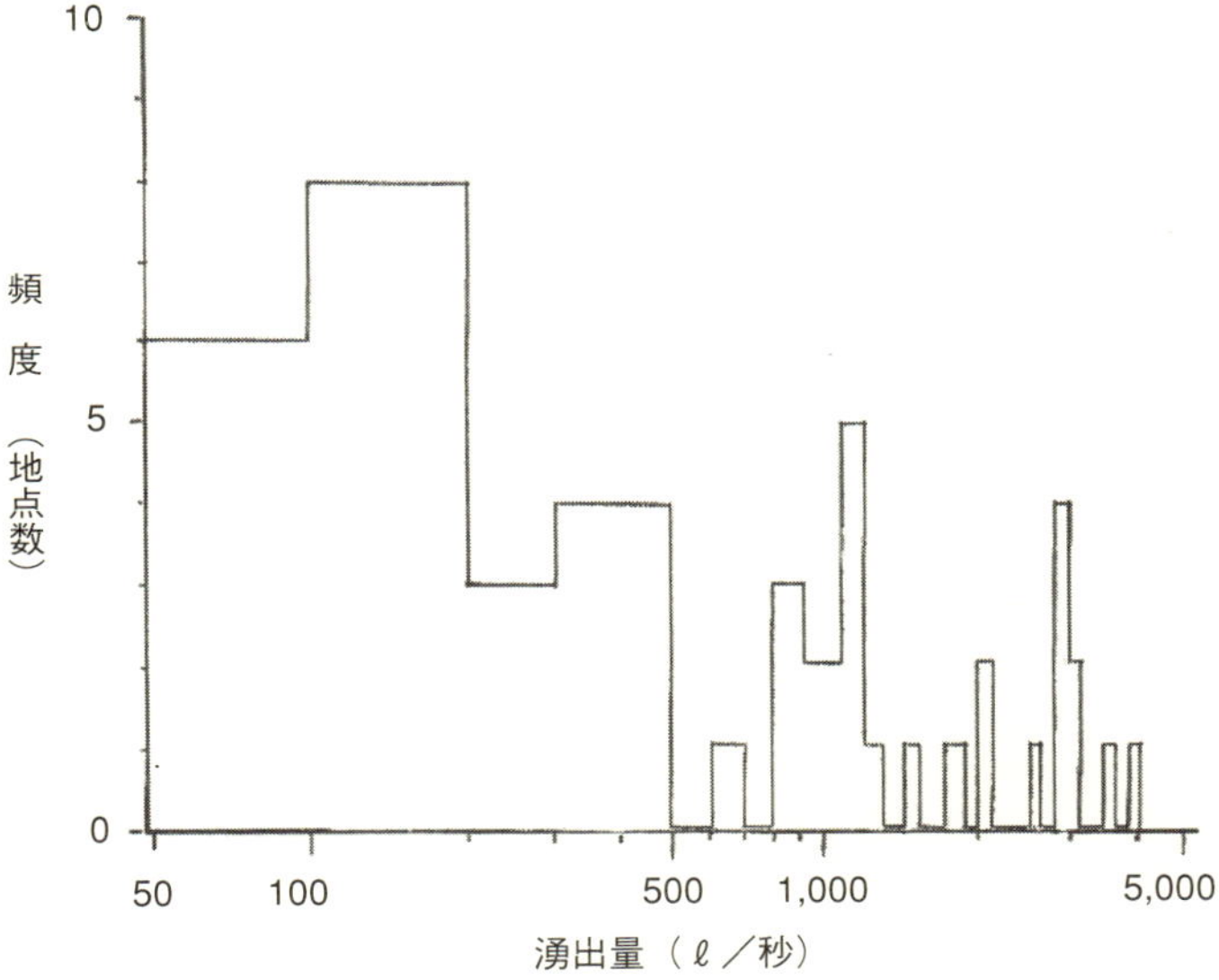

図3　富士山麓における湧水の湧出量の頻度分布［(6)より］

は、駿河湾の海底にも湧出していると考えられる。

図3は、富士山麓における湧水をくまなく調査した結果にもとづき、湧出量を頻度分布として示したものである。[6] 湧出量は地点による差が大きく、毎秒数リットル〜約四〇〇〇リットルにわたって分布しており、毎秒一〇〇〜二〇〇リットル、毎秒約一〇〇〇リットル、および毎秒三〇〇〇リットル前後に地点数の極大が現われる。湧出量の大きな湧水としては、柿田川・猪《い》之頭《のかしら》・淀師《よどし》・三島浅間《せんげん》神社・北郷・忍野《おしの》などがよく知られており、三島市や富士宮市芝川地区には湧出量の大きな湧水が多い。

富士山麓の湧水は、湧出機構の異なる二つのタイプに分類される。[3] その第一は、東斜面の御殿場市周辺にみられる湧水群に代表されるように、比較的浅層を流動する地下水が地形面勾配の変換点に湧出する場合であり、湧出量は相対的に小さい。これに対し第二のグループは、南斜面の三島市とその周辺地域の湧水群が典型であり、溶岩中の割れ目を流動する循環速度の速い地下水が主体となっており、湧出量の大きな湧水が多い。

一方、富士山麓を対象に湧水の水温と標高との関係について検討した結果によれば、両者の間には比較的高い負の相関が認められ、湧水温は湧出地点の年平均気温よりも低い値を示す場合が多い[(8)]。この事実は、標高のより高い地点において涵養された地下水が、涵養時の水温を保存しつつ山体を流下し、かなり大きな標高差の流動系をもって山麓で湧出していることを示唆するものである。

富士山麓における湧水の総湧出量は、一九六八年当時一日あたり一五四万立方メートル（年間約五億六二〇〇万立方メートル）を超えていたと見積もられており[(9)]、この値は先に述べた富士山にもたらされる総降水量（年間二二億五六〇〇万立方メートル）の約二五パーセントに相当する。水収支を構成する諸要素である蒸発散量・河川による直接流出量・地下水揚水量を考慮すると、降水量に対する湧出量の上記の比率は、ほぼ妥当な値と考えられる。

近年残念なことに、湧水によっては湧出量の減少や枯渇が顕著に認められる例が多い。たとえば三島湧水群のひとつである楽寿園《らくじゅえん》の小浜池には、地表に露出する三島溶岩流末端の節理や溶岩の境界から湧水が湧出し、一九五〇年当時は毎秒二三〇〇リットル（一日あたり約二〇万立方メートル）の豊富な湧出量が記録されていた。しかし、一九六二年に初めて枯渇して以降、池にまったく水のみられない日数が年を追って多くなる傾向が続き、貴重な湧水の保全が課題となっている。融雪期や台風にともなう多雨期には一時的に湧水の復活する現象もみられるが、三島市内の地下水位は一九八九年から一九九六年にかけて三・五メートル低下した。地表面の非浸透域が拡大することにともなう地下水涵養量の低下に加え、新たな地下水の揚水が湧出量の減少に影響をおよぼしている。

互いにつながり合う地下水と地表水

図4は、富士山北麓において実施された測水調査の結果にもとづく地下水面高度の分布を示したものであり、地下水面等高線に直交する図中の矢印は、浅層地下水の流動方向を表わしている。[10] 北麓の地下水は、不透水層を形成する古富士火山の泥流《でいりゅう》上を流動しており、地下水面図から判断される地下水の流動方向は、溶存成分や安定同位体をトレーサーに推定される流動方向ともよく整合する。先に述べたように、富士五湖の湖水の一部は地下水によって涵養されているが、これとは反対に、山中湖の北西に位置する忍野の湧水や河口湖周辺の地下水は湖水が涵養源となっている。[11]

富士五湖の水位の周年変化は**図5**のとおりであり、[12] 流出河川を有する山中湖と人為的な取水が行なわれている河口湖では水位の年較差が小さい。これに対し、西湖・精進《しょうじ》湖・本栖湖においては、湖水位の周年変化が相互に対応しており、三月から四月にかけて年最低値が出現した後、融雪と梅雨・台風にともなう

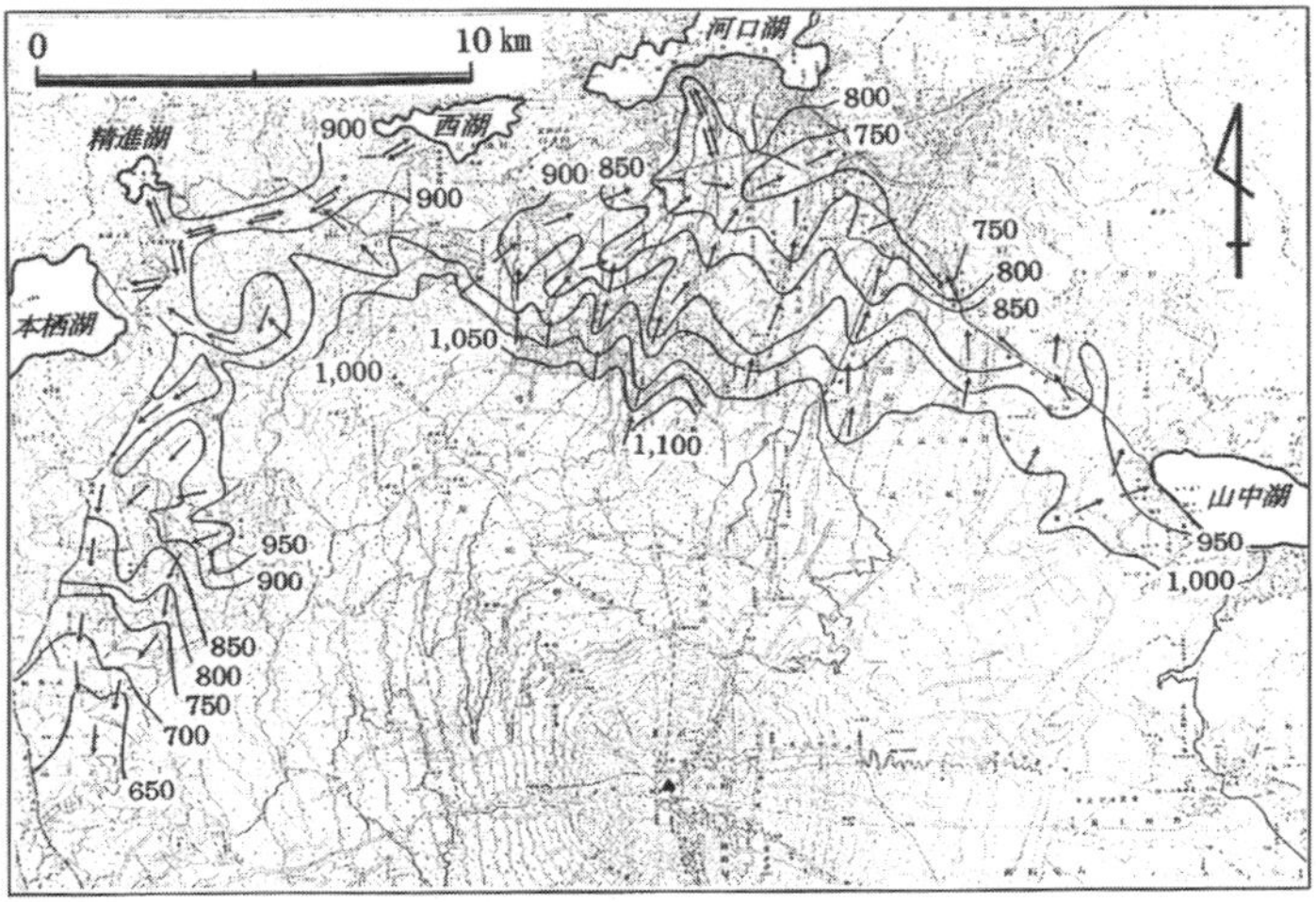

図4　富士山北麓における浅層地下水の流動方向 [(10)より]

湖水位の上昇期が続き、一〇月から一一月に年最高となる。

西湖・精進湖・本栖湖の三湖における湖水位変化の関連性は、西暦八六四年に、「せの海」が青木ヶ原溶岩によって分離されることにより形成された湖盆の成因にも関係し、地下水による三湖の連続性が示唆される。湿潤気候下に位置する閉塞湖（浸透湖）が、地下水の涵養源として大きな役割をはたしている点は重要である[13]。

富士五湖の湖水位は過去、集中的な降雨にともなって一時的に大きな変動をくり返してきた。近年の例では、一九九一年八月〜一〇月の三カ月間降水量が一三八二ミリメートルにおよんだことにともない、西湖で八・七三メートル、本栖湖で六・五〇メートル、精進湖で七・七九メートル、山中湖で四・五〇メートル、河口湖で〇・九二メ

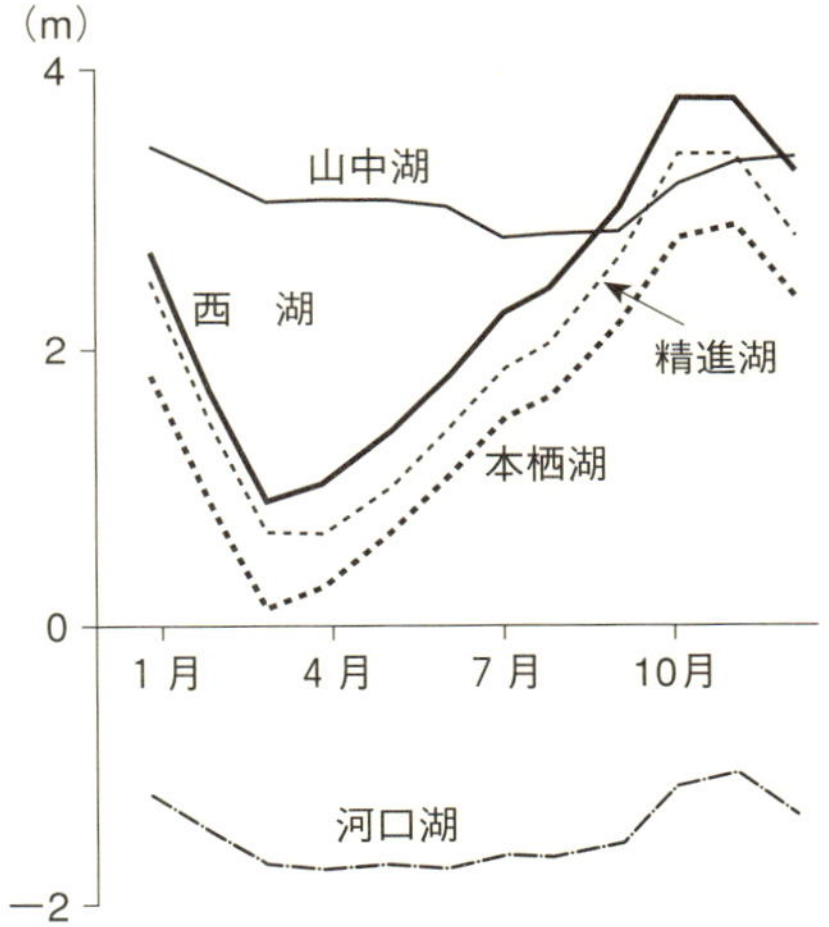

図5　富士五湖における水位の周年変化
[(12)より]

ートルの水位上昇がそれぞれ記録された。[10][14] 一九八二年～八三年にも西湖では七メートルを超える大きな水位上昇が起こり、河口湖で二・八三メートルの水位上昇をみた。いずれの場合も、平年値の湖水位まで回復するのに長い時間を要したことから、湖岸の人びとの生活に大きな影響がおよんだ。このように、短期的な水位変化に対する調節機能の小さい点も富士五湖の特徴のひとつである。湖水位の変化に連動し、周辺地域の地下水位にも時間の遅れをともなう変化が認められる。

水のあり方からみた富士山の山体区分

富士山は水平的にも垂直的にも等質ではなく、降水量の分布と浸透能、河川の比流量、地下水の貯留能などに地域的な差異が認められる。水の面から火山体をとらえるうえでは、垂直方向の変化がとくに重要であり、富士山は、山体における水のあり方と涵養—湧出機構の特徴にもとづき、以下の三つの地帯に区分される[3]（**図6**）。

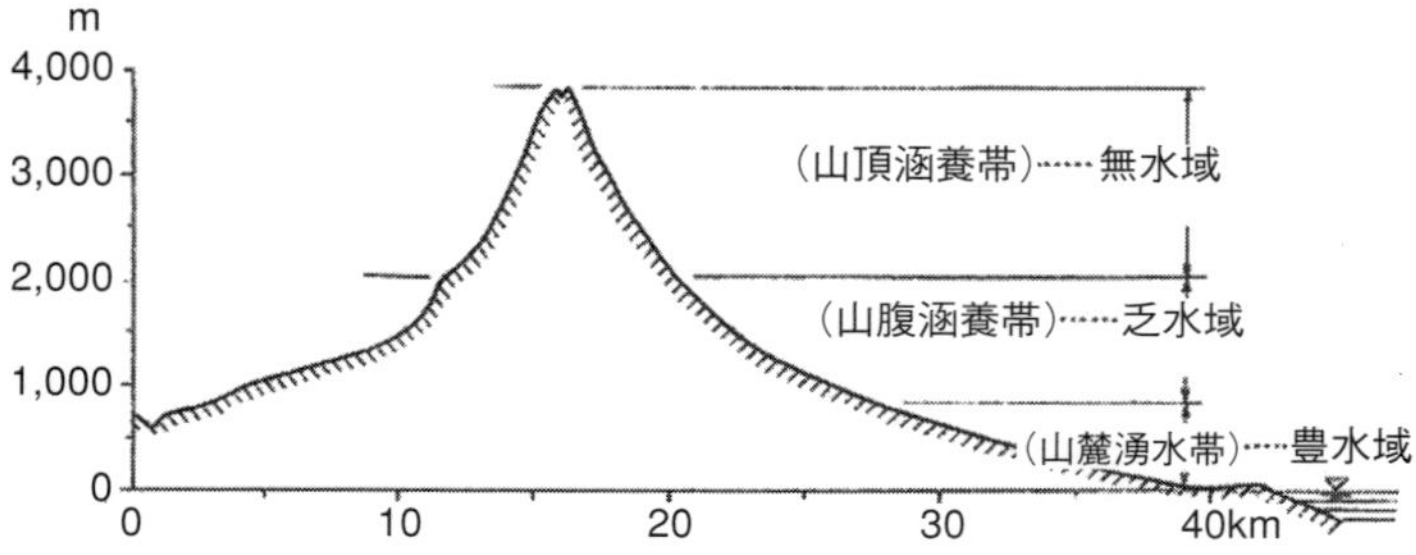

図6　水のあり方からみた富士山の山体区分 [(3)より]

①山頂涵養帯（無水域）――富士山の山頂から標高約二〇〇〇メートルまでの地域に相当し、新期溶岩から構成される。斜面勾配が大きく、植被は少ない。船底状の谷が発達し、降水は積雪の形で地表に貯留される期間が長いため、山腹と山麓に対する水源涵養機能としての重要な役割を果たす。地表水の存在はみられない。

②山腹涵養帯（乏水域）――溶岩とスコリアからなり、斜面勾配はやや緩やかとなり、一部の地域には樹林が形成されている。この地帯に谷頭をもつ谷は山麓まで連続しているものが多いが、恒常河川の発達はみられず、地表水は浸透し地下水を涵養する。基盤の一部や不透水層が局部的に存在する地域では湧水がみられる。

③山麓湧水帯（豊水域）――標高七〇〇～八〇〇メートル以下の地域であり、地下水は豊富で湧水が多く分布する。南麓では、海岸に発達する砂丘が湧水の流出を妨げるため、一部に湿地が形成されている。

3 富士五湖のなぞ――山中湖を例として

富士五湖のなかでもっとも高い位置九八二メートルにあり、もっとも広い面積六・五平方キロメートルをもつのが山中湖である。山中湖の湖底には、地元で「タカヒク」とよばれる高まりと、その周囲のたくさんの小さな丘のような地形がうねうねとして存在する。通常湖底でこのような地形ができることはないので、その成因はなぞに包まれているといわなければならない。このなぞ解きの前に、富士五湖はどのようにしてできたのか、から始めよう。

富士五湖はどのようにしてできたのか

富士山の周囲には、山中湖、河口湖、西湖《さい》、精進湖《しょうじ》、本栖湖《もとす》の富士五湖が存在する。忍野《おしの》八海《はっかい》のある忍野にはかつて大きな湖沼、忍野湖があった。

西暦八六四年、貞観《じょうがん》の大噴火によって長尾山火口などから噴出した青木ヶ原溶岩は、広大な富士山山麓部をおおい、本栖湖に流入し、さらに現在の西湖から精進湖にわたって存在した大きな湖、「せの海」

に突入した。せの海の大半は溶岩で埋まってしまったが、その末端に西湖と精進湖が分断されて残された。

このように富士山の成長が進むにつれ、山頂や山腹の火口から流下した溶岩や火砕流《かさいりゅう》などが麓にまで達するようになり、富士山の周りの山地と富士山の裾野《すその》との間には低所が形成される。この低所には河川の流れや湿地が生じるのが自然の姿である。溶岩流などが山地のへりにまで達すると、上記の低所は分断され、湖沼となる（**口絵8**）。富士山から流下する地下水（湧水）や山地から集まる河川水が分断された低所にたまるからである。せの海や河口湖、山中湖、本栖湖もこうした河川や湿地がなんらかの理由で出口をふさがれ、流出河川を失うことによって湖沼として成立した。

この閉塞《へいそく》の原因となるのが、富士山の場合には溶岩や火砕流などの流下で、溶岩や火砕流堆積物が周辺の山地にまで達し、閉じた小流域を形成する。山中湖の場合は、鷹丸尾《たかまるび》溶岩が川や湿地の出口を閉じたためと考えられてきたが、最近ではその前に火砕流堆積物がふさいだためと考えられるようになった。

山中湖はどのようにして成立したのか

山中湖の水の出口（湖口《ここう》とよばれ、山中湖では湖の西端部にある）やその周囲には鷹丸尾溶岩とよばれる溶岩が露出しており、山麓部から流下してきたこの溶岩が山中湖をせき止めていることは一目瞭然である。したがって長い間、山中湖の成立は鷹丸尾溶岩が山中湖をせき止めたことによると考えられてきた。

また鷹丸尾溶岩の年代については、年代測定結果にもとづく研究(1)や古文書にもとづく研究(2)などから、西暦八〇〇年の延暦《えんりやく》の噴火と考えられるため、山中湖の成立は八〇〇年頃とされてきた。

一九九〇年頃から、我々のグループは、山中湖の湖底から堆積物コアを採取したり、船を縦横に走らせて音波探査をするなど、総合的な調査を始めた。一五メートルの深さがある山中湖の中心部に堆積している泥を棒状に採取した湖底堆積物コア（採取位置は**図4**の**A**に★印で示す）を分析したところ、以下に述べるように、山中湖の成立はそれほど単純でなく、時代もさらに古くなることがわかった。

珪藻分析からみた湖沼の成立期

山中湖の湖底堆積物コアに対し、放射性炭素法による年代測定（87ページ）、珪藻・花粉・植物珪酸体などの微化石の分析*が行なわれた。珪藻は海水から淡水域にわたる広い環境に生息する〇・〇一～〇・二ミリメートル程度の微小藻類である。個々の種は特定の環境に生息し、その殻は保存がよいことから、昔の環境を復元する指標として利用される。コアの珪藻分析は詳細に行なわれたが、その簡略な結果を**図1**に示す。

コアには西暦一七〇七年の宝永《ほうえい》スコリアをはじめ八層の薄い火山灰層がはさまれていた。そのうち、Y

***微化石の分析**　微化石とは顕微鏡を用いて観察できる微細な化石のこと。地層中に豊富に含まれるため、過去の環境を知るために分析される。淡水の環境では植物の花粉や胞子、珪藻、植物珪酸体（プラントオパール）が、海水の環境では有孔虫、珪藻などがよく用いられる。

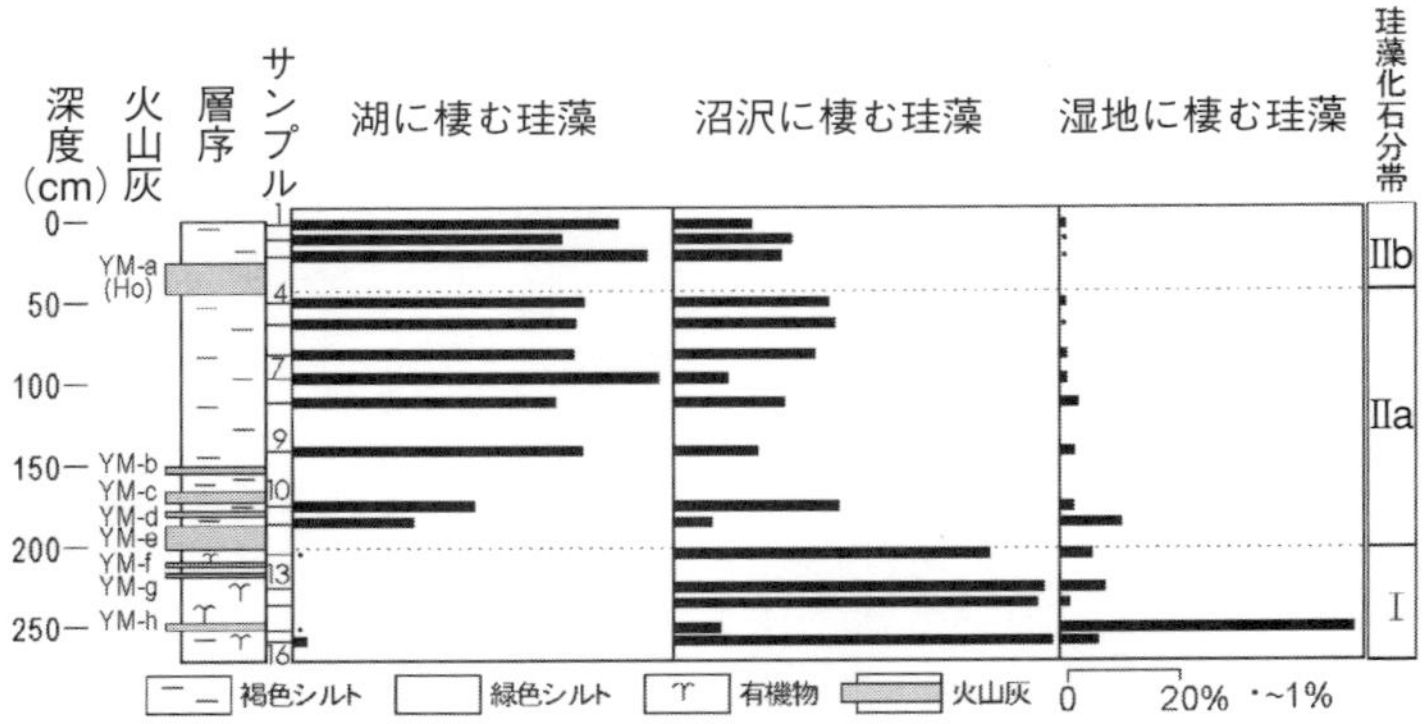

図1　山中湖コアの珪藻分析結果 [(3)を簡略化]
湖、沼沢、湿地にそれぞれ棲む珪藻の割合を示す。コアの位置は図4のAに示す。
深度2m付近で珪藻の種類が明瞭に変化する。YM-a～YM-hは火山灰層

M－e火山灰層を境にその上と下とで、珪藻や植物珪酸体の種類がきわめて明瞭に異なっていた。YM－e火山灰層より下には、湿地や沼沢に生活する珪藻が豊富に認められ、湿地や乾燥した陸地を好むイネ科の植物も多く産出した。一方、YM－e火山灰層の上では、珪藻のほとんどが比較的深い湖で浮遊して生活する種類で占められていた。すなわち、珪藻の種類の変化により、かつての環境は湿地や沼沢から深い湖に急に変化した、すなわち山中湖の成立は、ちょうどYM－e火山灰層が降ったころ、およそ西暦一〇〇年（一八五〇年前、放射性炭素年代測定による）頃だったことがわかったのである。

沈水林の存在

山中湖の湖底に枯死した立木があることは、漁網がしばしば引っかかることなどから知られていた。南岸沖合の湖面下四メートルにある立木からダイバーが採取した

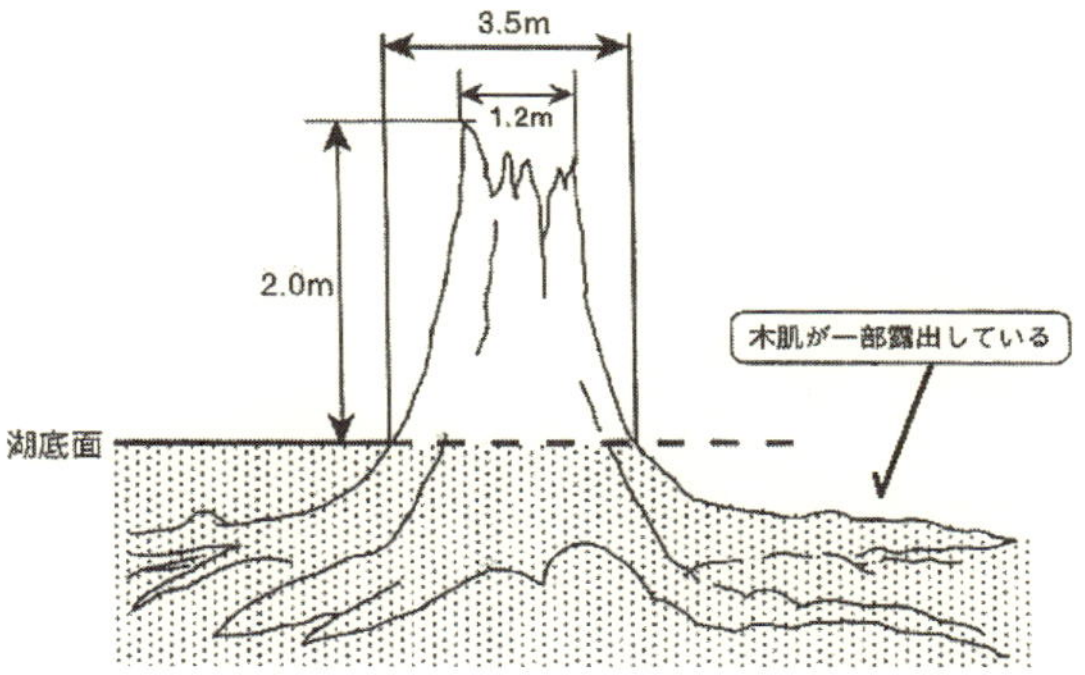

図2　山中湖西端部沖で調査された沈水樹（ヒメバラモミ）のスケッチ [(4)より]

木片（**図2**のスケッチ）について年代測定が行なわれ、およそ西暦二四〇年という結果が得られた。また木片はヒメバラモミと鑑定された(4)。また、これとは別に、多数の立木の存在が確認されており、その放射性炭素年代として、およそ西暦三〇〇年～四五〇年の結果が得られている(5)。つまり、この事実は、かつて山中湖の湖底一帯は最深部をのぞき陸地であって、森林が存在していたこと、山中湖が形成され、その水位が上昇して湖沼域が広がるのにともなって、陸地や森林は順次水没していき、水中で立ち枯れたことを示している。

山中湖成立の真の原因は

山中湖ができる前、この地域には湿地や小さく浅い沼地が散在するような環境が存在した。西暦一〇〇年頃、そこに深く大きな湖が急に生じたのはなぜなのであろうか。鷹丸尾溶岩が流下した年代は西暦八〇〇年であるか

表1　山中湖の発達過程

西暦50年頃以前	湿地、沼沢が分布する河畔であった。湿地堆積物。
西暦60～250年頃	火砕流状の堆積物が現山中湖の西端部から梨ヶ原にかけて堆積し、河流をせき止めた。湛水はじまる。YM-d、YM-eスコリア降下し、湖底堆積物の下部に堆積。
西暦100年頃	上記のせき止めにより湛水域が広がり、山中湖が成立。
西暦360～390年頃	火砕流状の堆積物が流下、せき止めがさらに進み、水位はさらに上昇。
西暦240年～470年	沈水林枯死。水位上昇にともない、湖沼域が順次拡大、沈水林が広がり、枯死した。
西暦800年	鷹丸尾溶岩流下。溶岩は湖口をかさ上げし、水位再び上昇。ほぼ現在の状況となる。

ら、鷹丸尾溶岩がせき止める前に、別の理由が必要である。以下に述べるように、山中湖は一〇〇年以後何度もせき止めをくり返し、その度に水位を上昇させてきたのである。そのせき止めの歴史は次の通りである（**表1**）。

山中湖成立の頃に火砕流？が流下

鷹丸尾溶岩と同時期に梨ヶ原（山中湖の西方）の西側に流れ下った桧丸尾《ひのきまるび》第二溶岩の直下に、炭化木をふくむ火砕流またはその二次泥流である火砕流状の堆積物が発見され、その炭化木の年代は西暦一二〇年～二五〇年頃と測定された(6)。さらに、鷹丸尾溶岩の下にも炭化木をふくむ火砕流状の堆積物が発見され、その炭化木の年代は西暦三六〇年と測定された。

これらの資料は、山中湖の湖口付近から梨ヶ原にかけての一帯に、鷹丸尾溶岩が流下する前に火砕流状の堆積物が到達し堆積していたことを示している。とくに、一二〇年頃の火

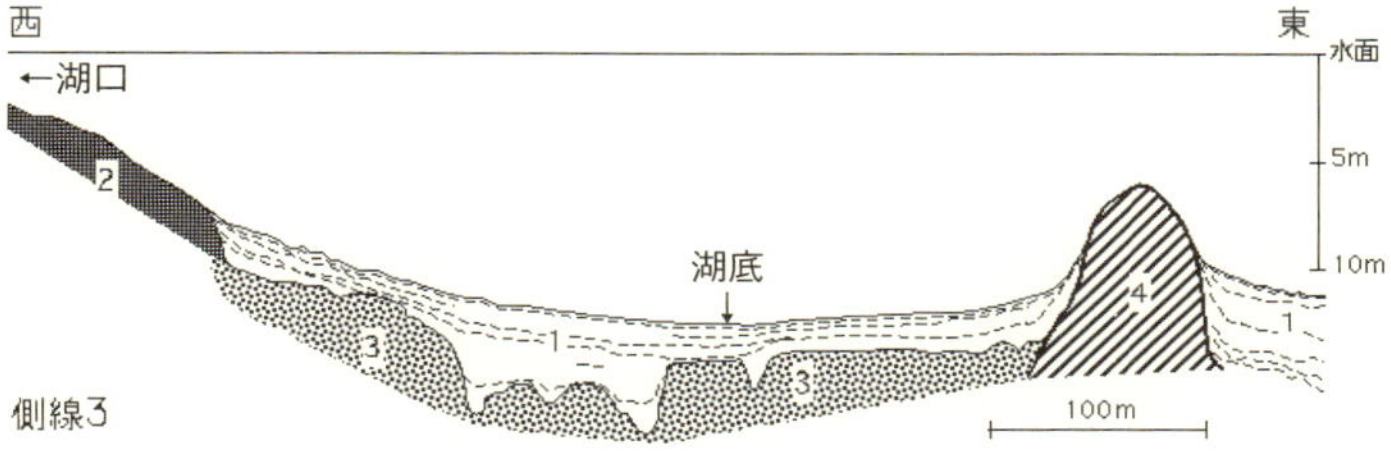

図3　山中湖西端部の音波探査断面［(7)を簡略化］
西側に湖口がある。湖口から広がる鷹丸尾溶岩（図中の2）の下に、強い反射を示す物質が高まりをつくる（図中の3の部分）。4は北側の山から張り出した尾根。1（白地の部分）は湖底堆積物で、スコリア層（破線）をふくむ

砕流状の堆積物の流下は、珪藻分析からわかる湖の成立時期とほぼ一致する。さらに三五〇〇～四〇〇〇年にも再び同堆積物が流下して、すでに成立していた湖の水位を上昇させた可能性が強いのである。

山中湖西端部の湖底は音波探査によって詳細に調査された。その結果、火砕流堆積物や溶岩のように、比較的強く音波を反射する物質が湖口部に向かって地形的な高まりをなして存在することがわかった(7)（**図3**）。図中の**2**は陸上でみられる鷹丸尾溶岩の続きで、その下に**3**で示される物質が火砕流状の堆積物にあたる可能性がある。このように、鷹丸尾溶岩の下には火砕流状の堆積物が広がっているとみていいだろう。

鷹丸尾溶岩の流下

八〇〇年頃の延暦噴火において、鷹丸尾溶岩、桧丸尾第二溶岩が富士山の中腹から北側に流れ下った。鷹丸尾溶岩は山中湖の湖口付近をふさぎ、忍野にまで達し、その結果、山中

湖の水位はさらに上昇し、現状付近まで高まったものと考えられる。

以上のように、山中湖は西暦一〇〇年頃成立し、さらに、三〇〇年頃から八〇〇年の鷹丸尾溶岩の流下にいたるまで、その水位は上昇をくり返し、この間に沈水林が形成された。

「タカヒク」のなぞ

この山中湖の南岸沖、山中湖村役場の沖合約五〇〇メートルから八〇〇メートル付近に、凹凸のある地形が湖底に存在することが知られ（**図4**）、地元では「タカヒク」とよばれている。国土地理院の湖盆図では箒《ほうき》のようなパターンがのびる（**図4のA**）、一見砂州状の地形を思わせる。しかしその成因については明らかでなかった。このため、一九九三年から一九九四年にかけて音波探査を中心とする調査が行なわれた。その結果、タカヒクはスコリア丘の跡で、箒のようなパターンを示すとされた地形はじつはスコリア丘の崩壊による小規模な流れ山地形（83ページ）である可能性が出てきた。

「タカヒク」の地形

上記のように一九九三〜一九九四年には、タカヒクの地形を解明するため、音波によって湖底の地形を調べる「サイドスキャナー」による探査、および、やはり音波を発信させて湖底の地層を調べる音響底質探査機による探査が行なわれた。さらに、ダイバーによる底質試料の採取も試みられた。これらの調査か

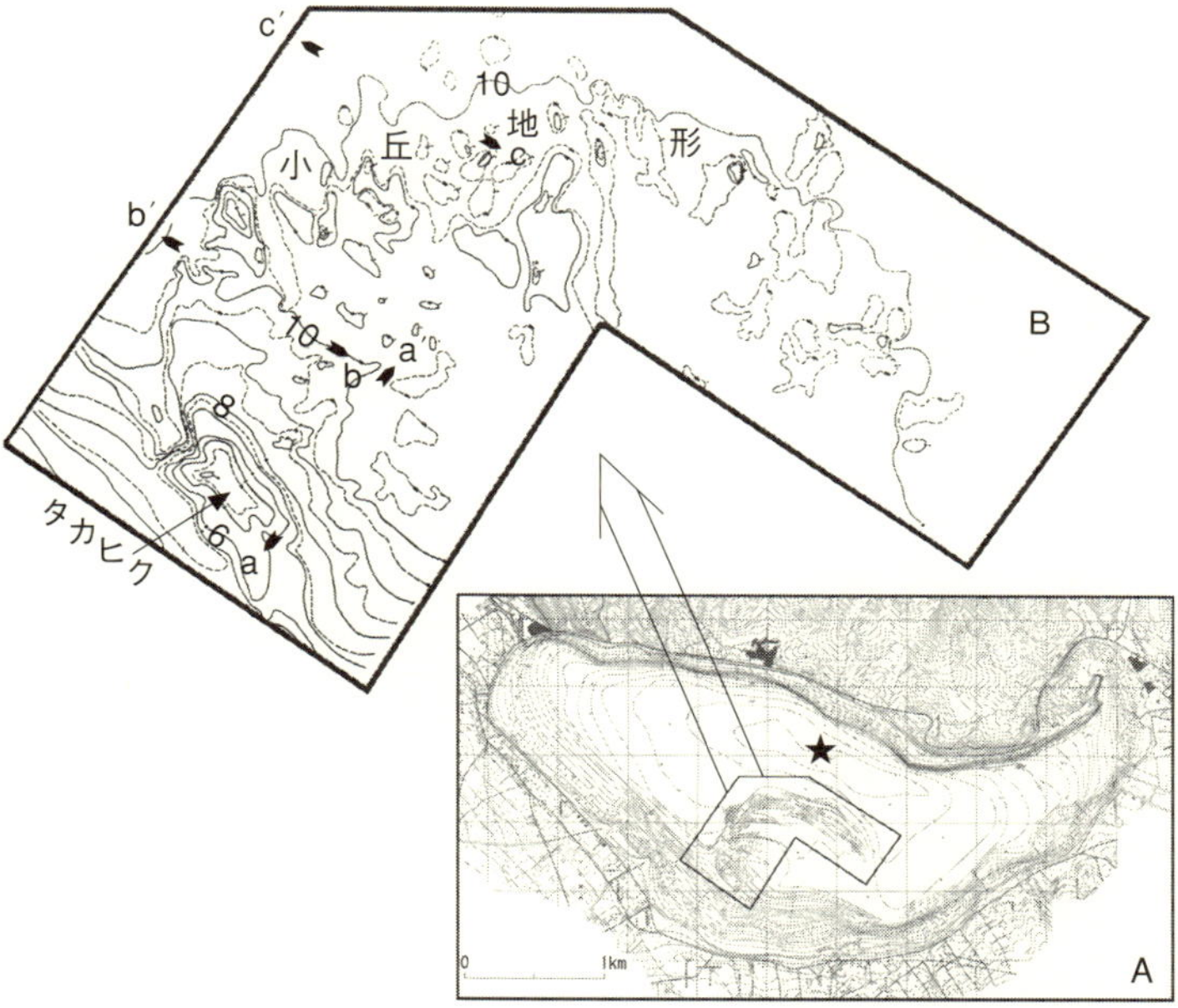

図4　音波探査によってもとめられた山中湖中央部の湖底地形
Aは国土地理院の湖盆図。星印はコアの位置。Aの箒のようにみえる部分を音波探査でくわしくみると、Bに示すように、タカヒクと小丘地形が分布するのが明確になった。等深線は実線が1m、点線が0.5m間隔。Bのa–a′、b–b′、c–c′は図5の測線の位置［(8)より］

ら明らかになったタカヒクとその周辺の地形は以下のとおりである。

図4のBにおいて南岸よりに位置し、湖底から一〇メートル強の高さをもち、頂部は水面下四・五メートルで凹みをもつスコリア丘状の地形がタカヒクである。その北側には、幅五〇～一〇〇メートル、長さ一〇〇～三〇〇メートルの小丘地形が主に南北に不規則に並ぶ。小丘地形は薄い湖底堆積物におおわれているが、その下の物質は強く音波を反射することから、固い物質でできていることがわかる[8]（図5）。湖底堆積物をとりのぞくと小丘の比高は三～五メートルである。小丘地形は、図4Aの枠内のような箒のパターンを示す砂州地形ではなく、図4Bのような、まさに小規模な流れ山地形のパターンであったのである。

「タカヒク」からスコリア

スコリア丘状の地形（タカヒク）および小丘地形の表面からは、新鮮で角張った黒色スコリアを主体とし、玄武岩《げんぶがん》溶岩の細片をふくむ未固結堆積物が採取された。スコリアの大きさは直径五～三〇ミリメートルで、比較的粗粒なもの（径二〇～三〇ミリメートル）は扁平で、内部は泡が多く、表面は泡に乏しい特徴をもっていた（図6のスコリア薄片写真を参照）。

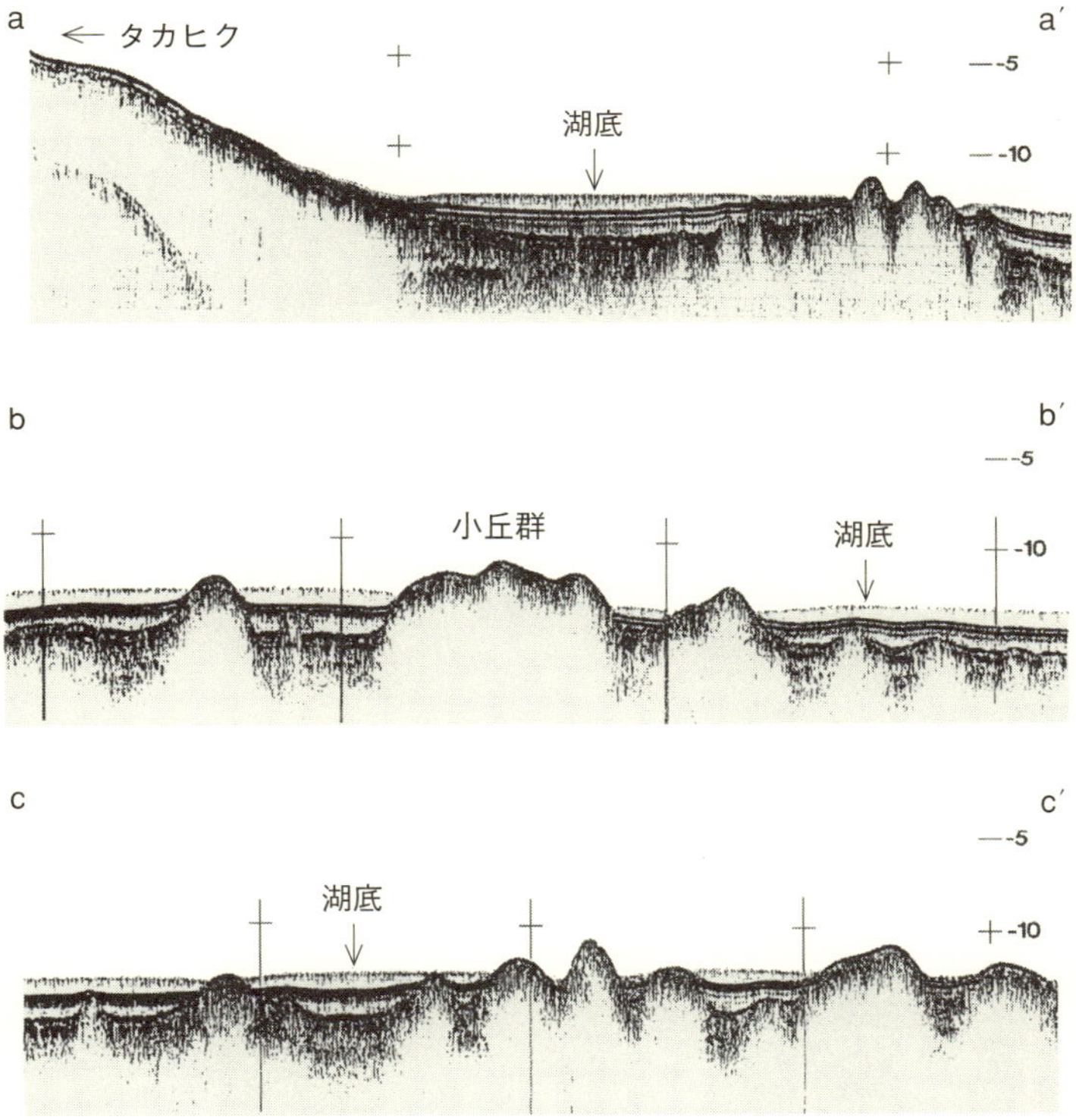

図5　音波探査による「タカヒク」周辺の湖底断面

断面の位置は図4に示す。強い反射を示す物質は凹凸を示す。低いところをおおう水平な層は湖底堆積物で、その上のかすれた線が湖底。湖底堆積物には複数の火山灰層がはさまれる。左上の高まりが「タカヒク」［(8)より］

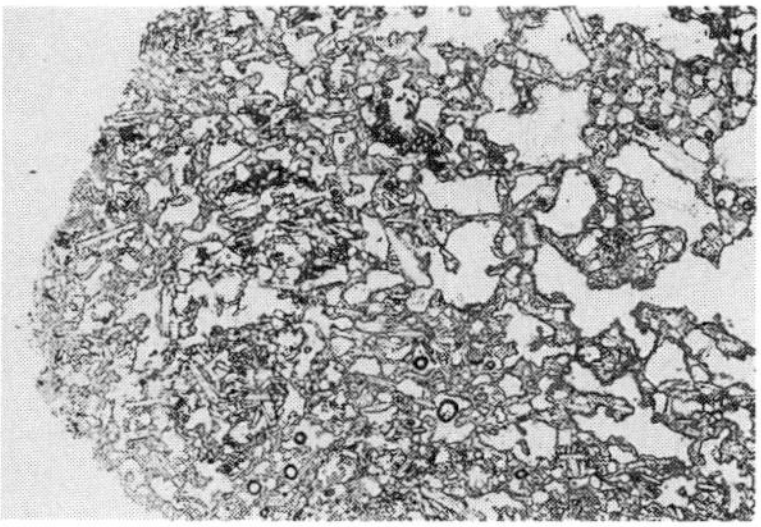

図6　「タカヒク」で採取されたスコリアの薄片の顕微鏡写真
中央（右側）では泡が大きく豊富で、縁（左側）では泡が細かく比較的少ない。棒状のものは結晶

「タカヒク」は何を意味するのか？

以上の事実から、タカヒクは以下のような過程で生じた、側《そく》噴火の産物であるというひとつの説明がなりたつ。すなわち、現山中湖の湖底部に火口ができ、火口からの噴出物でスコリア丘が形成された。

そのスコリア丘の一部が北側に崩れ、スコリア丘の断片あるいは溶岩が北側へ流下して小丘地形（流れ山）を形成した。年代資料は得られていないが、スコリアや地形が新鮮であること、水中では形成されにくい地形であることから、このような地形形成後あまり時間をおかずに山中湖の水位が上昇し、小丘地形は湖底堆積物でおおわれ、保護されたものと推定される。

これはひとつの推定にすぎないともいえるが、この推定が正しければ、タカヒクは山頂火口からもっとも遠い位置にある側火口のひとつとなる。富士山では多くの側火口が北西—南東方向に集中するが、タカヒクのように山頂火口の東北東方向にのびる火口は少ない。

Ⅳ 富士山の火山災害と恵み

1 富士山を宇宙《そら》からみれば――リモートセンシングによる富士山

人工衛星からみた富士山をとりまく自然

　地上約七〇〇キロメートル上空の人工衛星から秋の富士山とその周辺をみると、**口絵9**のように山頂付近が白い雪におおわれていることをのぞけば、山腹の広い範囲が植物におおわれている。さらに山麓に目を移すとやや淡黄色や淡緑色で示される草地や畑、あるいは青灰色の町や村が分布しているのが読み取れる。また富士山の北麓には富士五湖がやや黒い色彩で映し出されている。

　この衛星画像は人間の目でみることができる可視光線以外に、それよりもやや波長の長い赤外線のデータももっている。これらを合わせてコンピュータで解析し、富士山周辺の地表状態を区分したのが**口絵10**で、これを土地被覆分類画像という。**口絵9**で濃い緑色のパターンで示されていた山腹の森林域は実際には幾種類かの樹種に分けられていることがわかる。それらは山頂を囲むように同心円状に分布する傾向が読み取れる。植物が標高の違いによる分布（鉛直分布）を示しているためである。

図1　富士山の衛星データによる鳥瞰図

標高（ＤＥＭ）データと衛星データを組み合わせて三次元画像にした**図1**の画像によれば、その様子がさらにはっきりわかる。この画像は通常私たちが山麓や周囲の山々からみる富士山を少しくわしく表わした結果である。しかし、その富士山を赤外線のなかでもより波長の長い熱赤外線で表わすと、まったく違った姿をみることができる。

富士山とその周辺の地表温度分布の謎

熱赤外線という言葉はよく耳にし、これが熱に関係していることはなんとなく知っているだろう。この熱赤外線を利用して富士山とその周辺部を観測すると、山体や周囲の地表面の温度分布がわかる。太陽の光をはじめ我々の周囲に存在する光は赤外線もふくめて波（電磁波という）であるが、それらのなかには可視光線とそれ以外に波長の短い紫外線、逆に波長の長い赤外線などがある。赤外線のうち波長の短いものから長いものへ順に近赤外線、中間赤外線、熱赤外線とよび、それぞれ固有の

図2a　衛星熱赤外線画像による1997年10月14日昼間の富士山とその周辺の地表温度分布

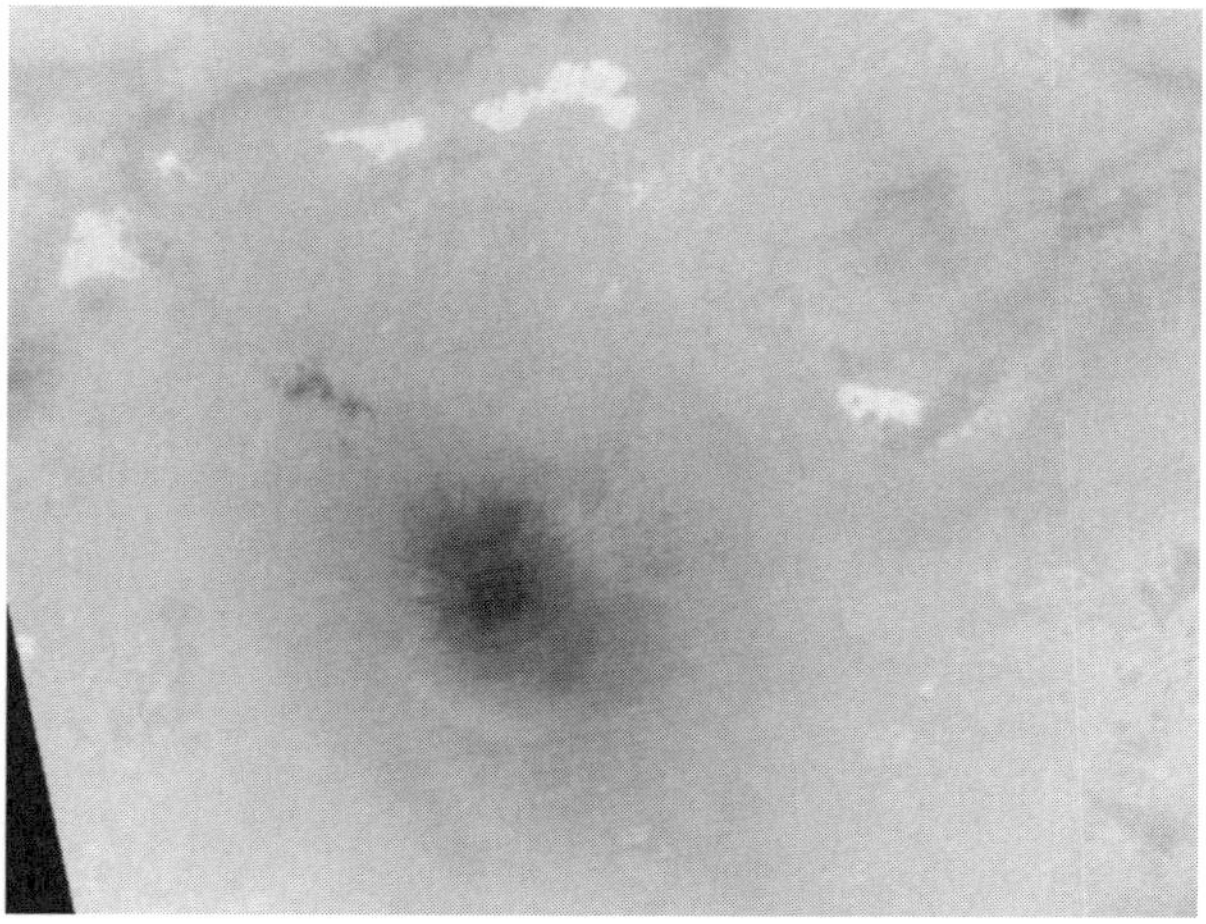

図2b　衛星熱赤外線画像による1994年8月10日夜間の富士山とその周辺の地表温度分布

情報をもっている。とくに熱赤外線は温度の高低を表わしている。

衛星で観測された熱赤外線画像で、富士山周辺の昼と夜の地表温度を表わしたのが図２ａと図２ｂである。濃淡の濃い部分が温度の相対的に低い部分を表わし、温度が上がるにつれて明るく変化するように表わしてある。夜（図２ｂ）は相対的に温度差が小さいので、全体的に明るく示してある。一般的には地表の温度は太陽からの輻射《ふくしゃ》エネルギーにより暖められて上昇するが、地表をおおう物質や微地形、気象状況などによってもその温度は大きく変わる。

昼の衛星熱赤外線画像（図２ａ）によれば、富士山の南東斜面で、温度が周囲（約八度）にくらべ異常に高い（約三三度）ところが広がっている。ここは富士山全体の画像（口絵１および図１）でみると、植生もなく火山噴出物でおおわれたところであることがわかる。不思議なのは夜の衛星熱赤外線画像（図２ｂ）で、この地域と周囲の温度差がほとんどないことである。ここは昼になると急に温度が上昇し、駿河《するが》湾ぞいの標高のはるかに低い砂浜や裸地（植物におおわれていないところ）の温度より高くなる。このようにに昼間に温度が急上昇し、周辺にくらべて異常に高くなる原因はなんであろう？　原因についてはさまざまのことが考えられているが、まだはっきり断定できるところまではいたっていない。

図３(a)～(d)は、先ほどの富士山南東斜面を地上の東麓側から、人工衛星に載せられているものと同じような方式の熱赤外線撮像装置で、二〇〇二年一〇月二八日の日の出前から九時まで、一時間間隔で斜面温度を観測した画像である。衛星画像と同様に濃淡のパターンが明るくなるにつれて温度が高くなるように

（a）6:00

（b）7:00

（c）8:00

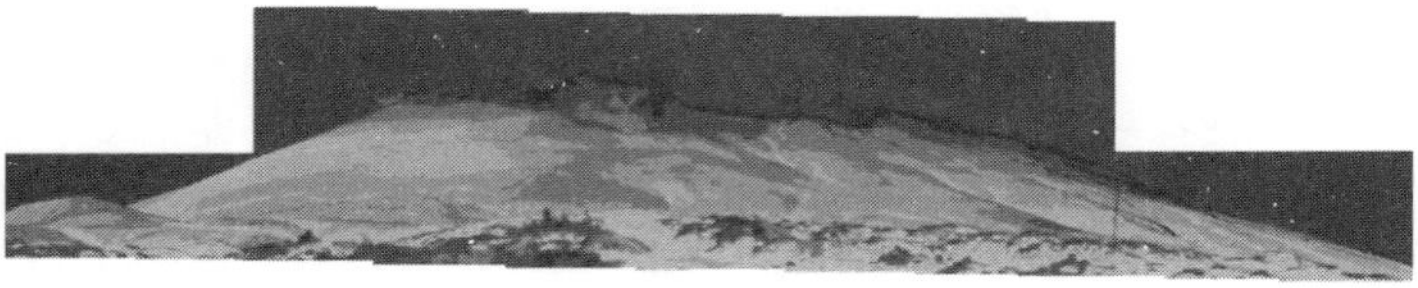

（d）9:00

図3　熱赤外線撮像装置でみた富士山南東斜面の地表面温度上昇（2002年10月28日）

図4　富士山の初冠雪後の雪線の変化（2003年10月7日）
矢印は雪線が上昇した部分

表わされている。日の出前（六時）の画像（図3(a)）では南東斜面内でほとんど温度差はなく、約二度（このときの標高約一四〇〇メートル地点の気温はマイナス三度）であるが、日の出後（七時）の図3(b)では、斜面温度が急上昇して高いところで約八度（同じく気温はマイナス一度）を示している。その後、徐々に上昇して時間とともにさらに上昇し続け、九時には最高で約一八度に達する。[(1)]

これは、太陽からの輻射熱による温度上昇が大きな要因であろうと想像できる。しかし、ここの堆積物をもち帰り温度上昇の様子を観測するか、斜面でエネルギーのやりとり（熱収支）の状態を計算により推定しても、現地での温度上昇ははるかに大きいものである。つまり、単純に太陽からの輻射エネルギーの影響だけでは説明できない。この高温を示す現象は夏や秋だけでなく、雪が積もる前の初冬でもやや上昇は鈍くなるが、同じような傾向が示される。

この温度上昇の影響は山頂近くの初雪の融雪の様子にも表われている。図4は二〇〇三年一〇月七日の初冠雪後の雪線（積雪部分の下限の線）の上昇を観測した写真である。五時三〇分から七時四五分までの約二時間一五分の間に融雪により雪線が上昇した部分が灰色（矢印部分）で示されている。これによると、とけたところがよくわかり、とくに宝永《ほうえい》火口下側から北側で大きいことがわかる。

このような異常に高温となる部分の発生と分布、その影響の原因としては、太陽からの輻射エネルギー以外に、太陽光と斜面の方向や角度の関係、堆積物や岩質の影響、斜面地表の形状、風向や風速などの気象の影響、高度にともなう紫外線などの日射量の増加、地下からの地熱の影響などが考えられている。こ

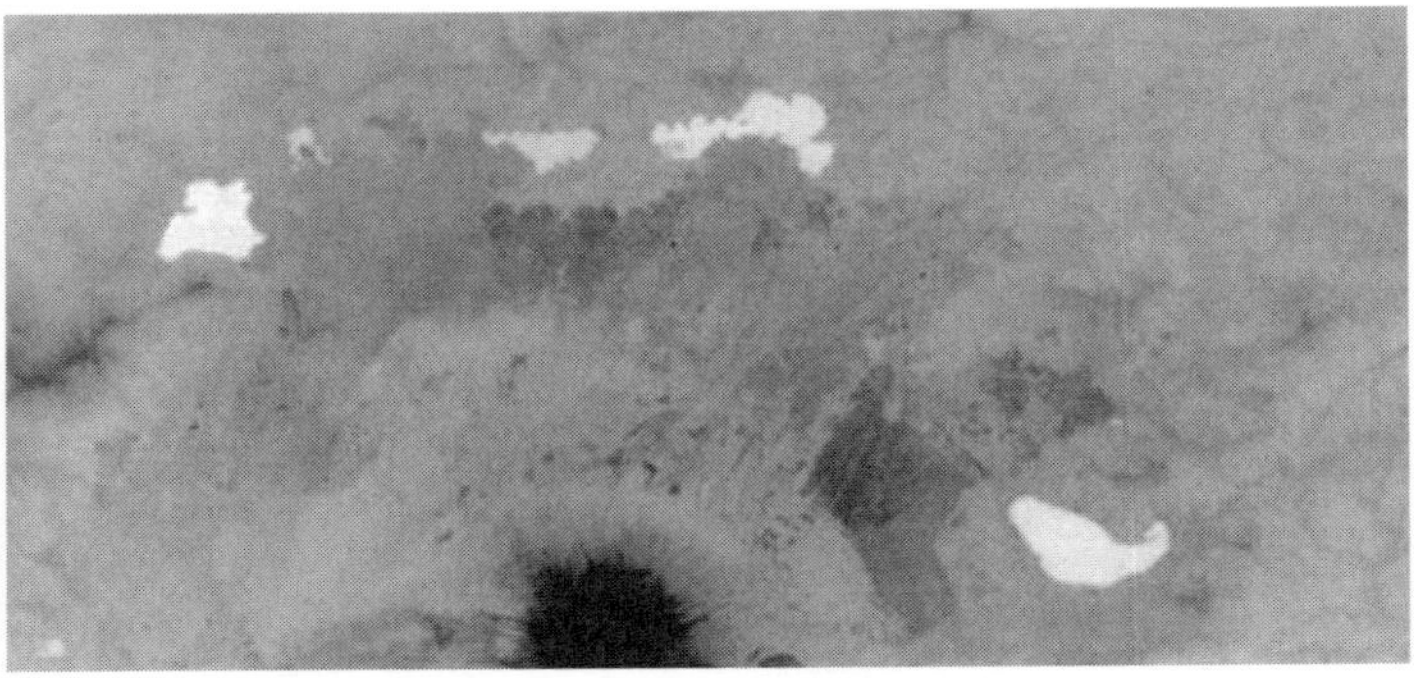

図5　衛星熱赤外線画像による富士五湖の湖面温度分布

れらについては現在も調査・研究が続いているが、まだ確かな結論にいたっていない。将来、富士山の火山活動が活発化するとも考えられるが、その場合、地下からの熱エネルギーの影響も増加する可能性が高く、斜面の温度分布が大きく変わることが予想される。このため今後も現在みられる高温部発生の原因の解明と同時に、変化の監視を継続的に行なっていくことが大切である。

富士五湖のそれぞれ異なる水温

富士山の北麓一帯には本栖《もとす》湖、精進《しょうじ》湖、西《さい》湖、河口湖、山中湖の富士五湖があることは先に述べた（**口絵8**）が、これらの湖面水温についても熱赤外線で調べると、それぞれ特徴的な水面温度分布を示し、なかには不思議な分布パターンを示すものもある。

二〇〇四年一〇月一六日の夜九時五〇分頃（二一時の河口湖気象観測所での気温は五・一度）の衛星熱赤外線画像

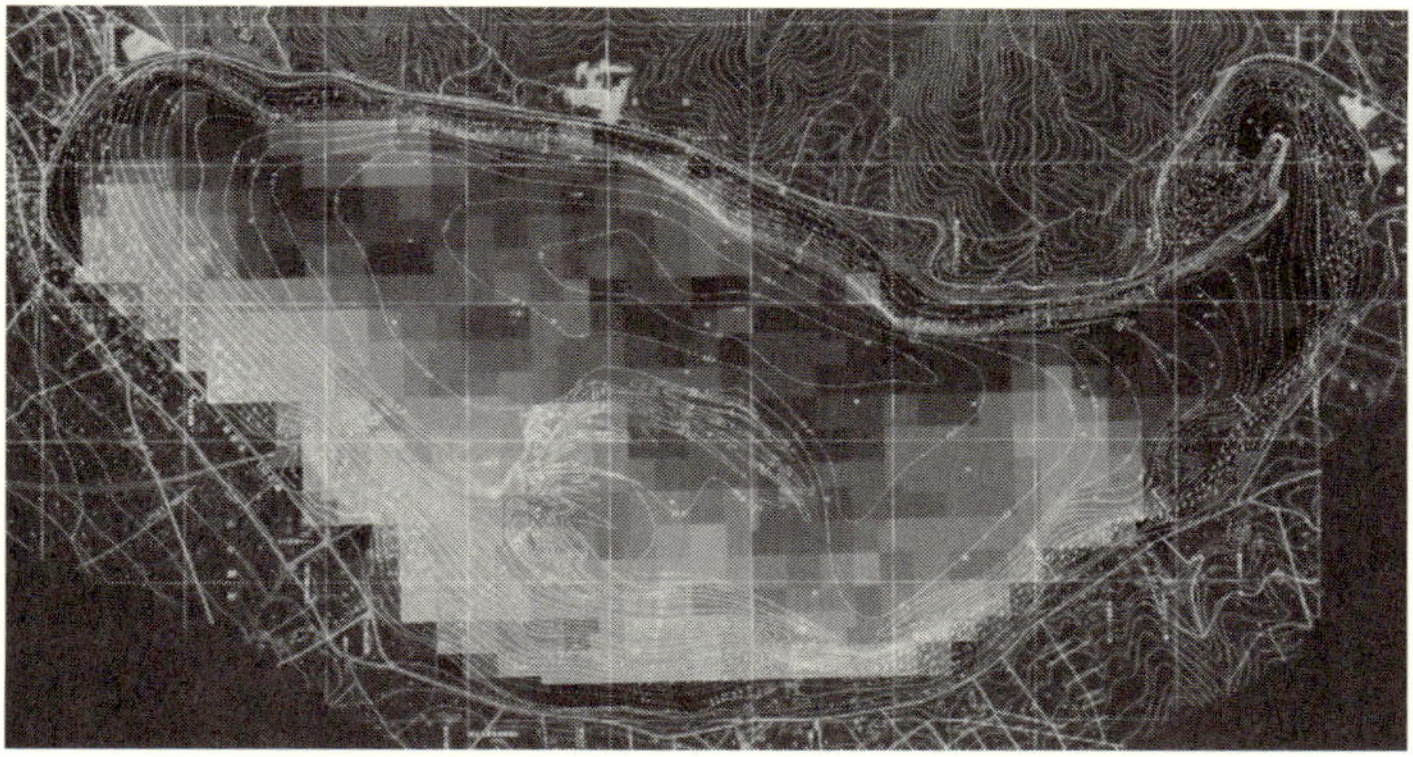

図6　衛星熱赤外線画像による山中湖の湖面温度分布（1月）

（**図5**）によると、温度差がわずかな濃淡の違いにより示されている。富士五湖で湖面水温がもっとも高いのは本栖湖（約一五度）で、続いて山中湖、河口湖、西湖、精進湖の順になっていて、それぞれ平均で約〇・五～一・〇度の差がある。

本栖湖は水深が深く、水温が外気温の影響を受けにくくなり、ほぼ一様の水面温度分布を示している。これにくらべて、山中湖と河口湖は表面水温が低く、湖内の表面水温分布が一様でなく、温度差を示すパターンがみられる。とくに**図6**のように冬季の熱赤外線画像で濃淡のパターンの違いにより明瞭に認められ、富士山側で高い温度分布（南部の灰白色）が顕著であるため、湧水の流出の影響などと考えられている。

図7は、二〇〇三年一一月八日夜に、山中湖を東側の高台から熱赤外線撮像装置で観測した熱赤外線画像で、**図8**が昼間に撮られた通常の可視画像である。**図7**(a)の破線で

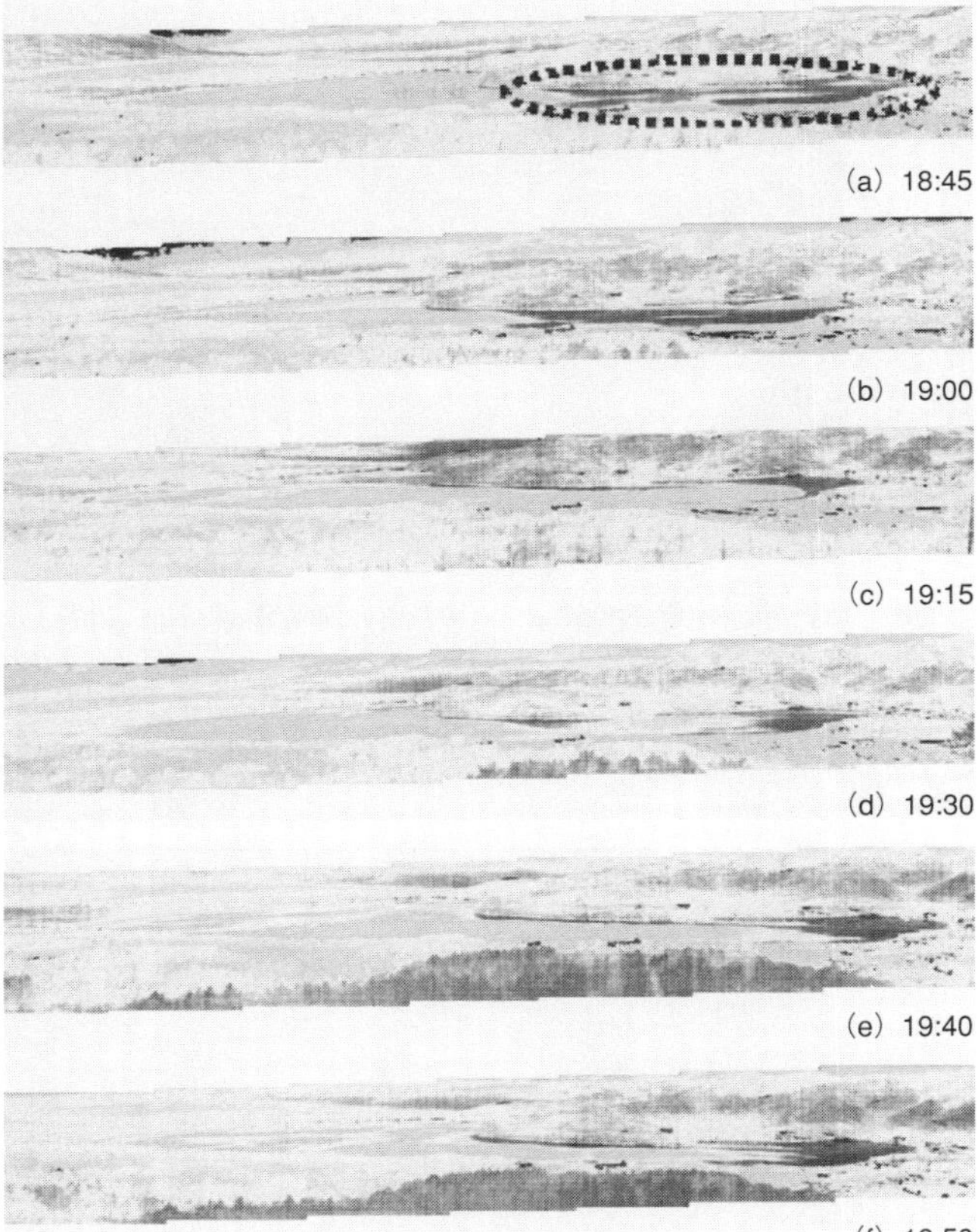

(a) 18:45

(b) 19:00

(c) 19:15

(d) 19:30

(e) 19:40

(f) 19:50

図7　熱赤外撮像装置でみた山中湖の湖面温度分布（2003年11月8日）

図8　山中湖の全景

図9　衛星画像上に示した宝永噴火と同規模・同条件で想定した降灰の影響域

示した山中湖の北東部に表面水温の高い部分（ここでは濃いパターンで示してある）が認められ、時間とともに動いていく様子がわかる。

もし将来、富士山で火山活動が活発化するようなことがあれば、それぞれの湖の水温に影響がおよぶ可能性は容易に考えられ、水温が上昇すればその表面水温にはっきりと表われると思われる。したがって、今後も継続して定期的な衛星や地上での熱赤外線画像による観測が重要である。

富士山の火山活動を想定した影響域分布

富士山は西暦一七〇七（宝永四）年の大規模な噴火以降、静穏な状態を保って

表1　図9により想定された降灰の影響を受ける土地被覆域（1995年と1997年の衛星データによる）

	降灰堆積層厚（%）						
土地被覆	0〜	0.05〜	0.5〜	1.0〜	2.0〜	5.0〜	10〜
市街地	5.9	6.0	6.8	6.8	6.9	7.5	8.9
住宅地	18.7	18.7	18.6	18.0	19.1	21.0	23.6
工場	1.0	1.0	1.1	1.1	1.2	1.2	1.3
農地（水田、畑地等）	27.9	27.7	25.7	24.5	25.4	24.4	21.0
草地	3.8	3.8	3.5	3.4	3.3	3.2	2.9
森林	39.7	39.7	42.7	45.0	43.1	41.7	41.1
水域	2.8	2.9	1.3	0.8	0.6	0.6	0.5
その他	0.3	0.3	0.4	0.4	0.4	0.4	0.6
計	100	100	100	100	100	100	100

いる。しかし、今後また火山活動が活発化することも考えられ、そのため、噴火による影響（被害）を想定した検討が行なわれている。**図9**は、宝永噴火と噴火規模や気象条件が同じ場合の降灰影響域(2)を、ランドサット衛星画像に重ねて再現したものである。東京や横浜など人口の密集地域や、交通網が発達している地域の多くがふくまれることがわかる。

一九九五年と一九九七年の衛星データで土地被覆状況を分析して、この降灰域にふくまれる各土地被覆項目の面積を求めたものが**表1**である。それによると、降灰を受ける地域内では森林が約四〇パーセントともっとも多く、続いて水田や畑などが約二一〜二八パーセントと多いことがわかる。しかし市街地や住宅地など人びとが住んでいる地域も合わせて約二五パーセント以上あり、けっこう広い範囲がふくまれることがわかる。とくに降灰が一〇センチメートル以上の地域では市街地と住宅地の合計が三二パーセント以上になっていて、これは富士山の比較的近くで多くの人が生活を営んでいることの表われである。

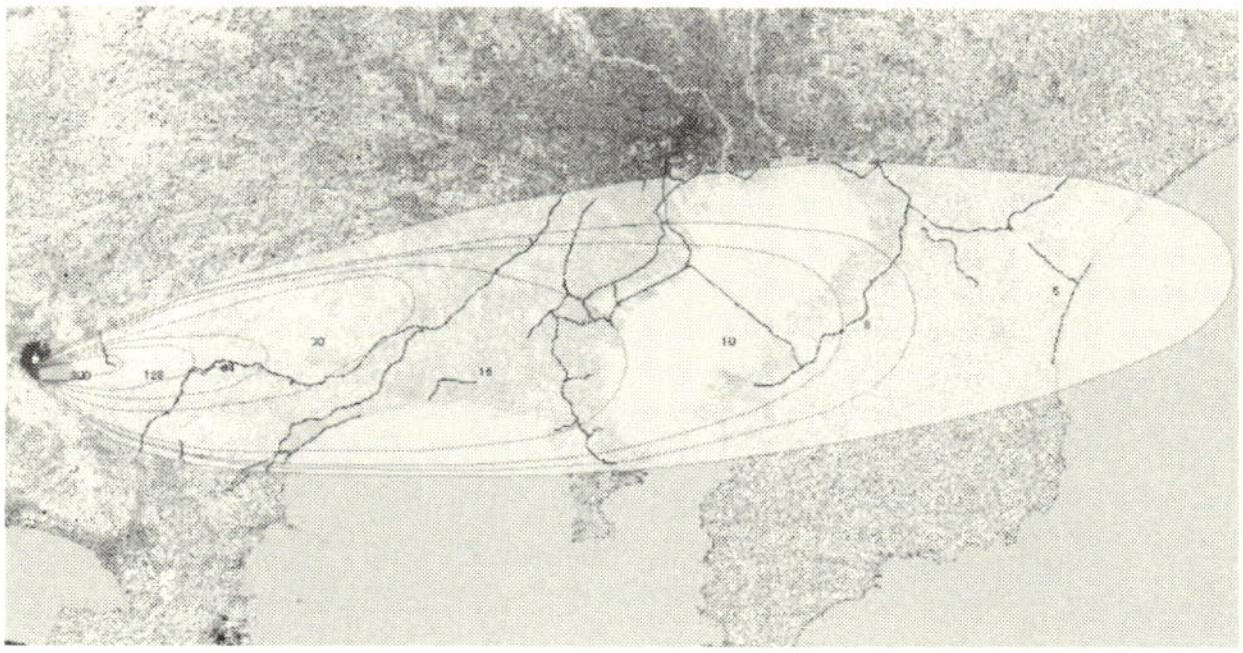

図10　宝永噴火と同規模・同条件を想定した幹線道路への降灰の影響域

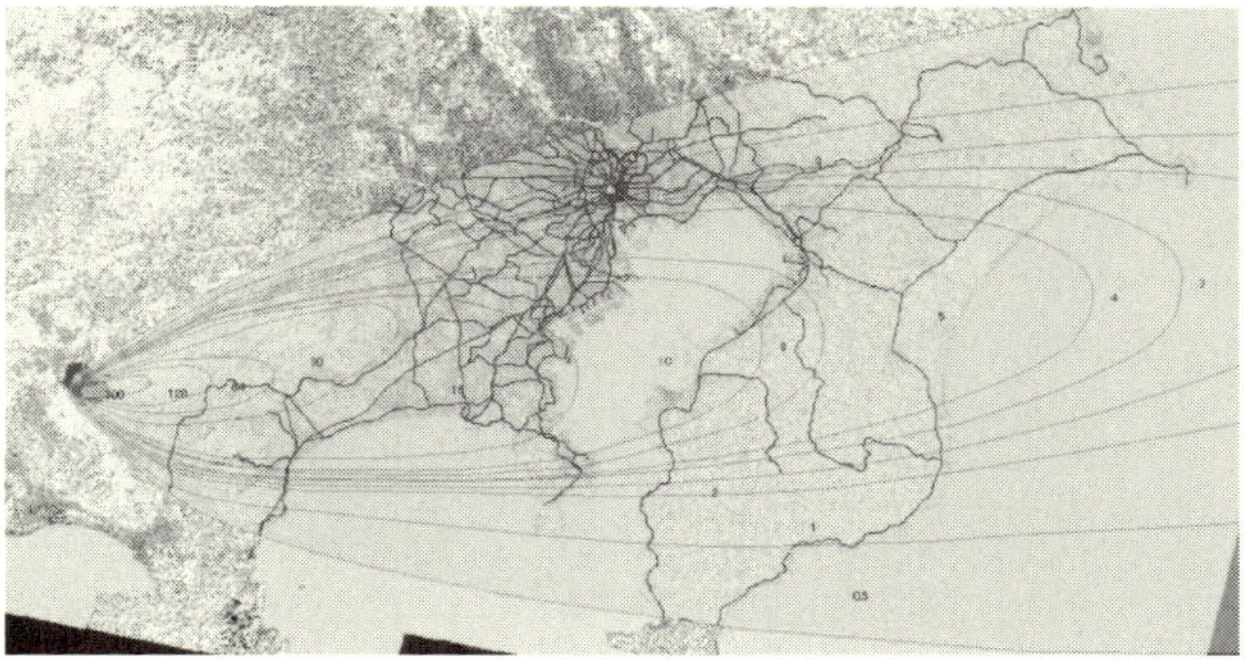

図11　宝永噴火と同規模・同条件を想定した鉄道網への降灰の影響域

したがって、大規模な噴火が発生した場合、人びとを巻き込んだ災害に発展する可能性が高いことがうかがえる。

図10と**図11**は同様に、宝永噴火と同規模・同条件で想定した幹線道路と鉄道網[3]への影響域を調べたものである。幹線道路では通行不能となると想定される降灰の厚さ五センチメートル以上の地域を、鉄道網では同じくダイヤ混乱が予想される〇・五センチメートル以上の領域を表示した、その結果、高速道路や有料道路をふくむ幹線道路では、約一万二六〇〇キロメートルが通行不能になると予想され、雨が降った場合はさらに一・四倍ほどの総延長距離が通行不能になる可能性が予想された。鉄道に関しては、約三九〇〇キロメートルの延長距離で電車等の運行が不能と予想された。現代では、人びとが暮らす地域や活動する地域が広がり、交通網も発達していることから、もし富士山で大規模な火山活動が生じた場合、当然のことながら大きな被害が出ることが考えられる。

2　富士山の火山災害と防災——ハザードマップとはなにか

富士山の火山災害

富士山は東西三九キロメートル南北三七キロメートルと巨大で、その山麓には静岡・山梨両県にまたがる一一の市町村があり約六〇万人が生活している。また、この地域を日本経済の動脈である東名高速道路、中央自動車道、新幹線、東海道線が通り、関東圏と中部・関西圏を結んでおり、富士山から首都圏まではわずか約一〇〇キロメートルである。さらに、風光明媚な観光地でもある富士山周辺には年間約三〇〇〇万人の人が訪れ、登山シーズンには年間約三〇万人の人たちが富士登山を楽しむ。このため、活火山である富士山が万一火山活動を開始した場合、富士山周辺のみならず首都圏をふくむ広範囲の地域でさまざまな被害が発生することが懸念される。

I‐4章でも述べたように、富士山は噴火のデパートともいえるくらいさまざまなタイプの噴火をくり返し、これにともない多様な火山災害も発生したと思われる。このうち西暦一七〇七年の宝永《ほうえい》噴火では高温の岩塊の落下や大量の降灰により、家屋が焼失したり潰れたり、くり返し発生する土石流により家屋や農地が埋積された。ただし、宝永噴火以外の噴火でどのような災害が発生したかは記録がほとんど残されていないため、その実態は明らかではない。

富士山のハザードマップ

では、このような火山災害をどのようにして軽減することができるのだろうか？　その対策のひとつとして火山ハザードマップの活用が考えられる。火山ハザードマップは火山が噴火した場合に住民がどのように避難したらよいかなどを示した地図である。日本には一〇八の活火山が存在する。活火山とは最近一万年間に噴火したもの、または現在、噴気活動など火山活動が認められるもので、活火山は将来噴火する可能性が高い火山である。

◆ハザードマップとは？◆

ハザードマップ（災害予測図）とは、自然災害を回避するために危険な地区を予測して表わした地図である。

水害災害にたいする洪水ハザードマップは、全国統一の洪水ハザードマップ作成マニュアルが定められている。

富士山をもっと知るためのコラム

ハザードマップのなかでも火山ハザードマップとは、火山が噴火したときに災害をもたらす可能性のある現象（火山ハザード）がおよぶ範囲を示した地図をいう。

火山噴火は気象災害のように毎年、日本のどこかで発生するものではないため、火山国に住んでいても普通、噴火の現場に遭遇することはきわめてまれである。

とくに富士山のように、すでに最後の噴火から何世代も噴火を経験していない場合、噴火災害に関する知識の伝承は完全に途絶えてしまう。このため、毎年のように国民の大半が経験する気象災害と違い、初めての火山噴火に遭遇すると大半の人びとは混乱する。

また、火山は地震と異なり、いったん発生しても終息するまでに時間がかかるし、終息を見きわめるのも困難である。

さらに、火山噴火の場合、降灰、火砕流《かさいりゅう》、溶岩の噴出など噴火のスタイルは多様で、これにより発生する災害の種類は多様である。

このため、火山災害に対応するためにはきわめて多くの情報を入れたハザードマップが必要となる。

火山防災マップは、火山ハザードとそれに対応した防災情報を記載した地図で、現在一〇八の活火山中二九火山について整備されている。通常、この火山防災マップが火山ハザードマップとよばれることが多い。

国土庁は一九九二年に、富士山をふくむ全国四火山を例に、火山噴火災害危険区域予測図作成指針をつくり、ハザードマップ作成のためのマニュアル化を図ったが、あまり関係自治体に普及しなかった。これはハザードマップを作成するための予算的な問題のほか、火山ごとに噴火のタイプが千差万別で、その特性を把握できた火山がまだまだ少ないことにもよる。

富士山にはこれまでハザードマップはなかった。富士山のハザードマップをつくるということは、現在はまったく平穏な富士山が噴火することを前提としている。先にも述べたように富士山とその周辺には年間約三〇〇〇万人の観光客が訪れる。ところが富士山に噴火のうわさが流れただけで観光客は減少し、地元の産業に大きな影響が生じるのが現実である。このような背景があるため、地元の自治体が積極的にハザードマップづくりを進めることはなかった。

ところが二〇〇〇年一一月から二〇〇一年六月にかけて富士山の地下で深部低周波地震が増加し、富士山が活火山であることが一般の人たちにも認識されるようになった。これと前後して富士山麓の地元自治体でもハザードマップの作成について高い関心がはらわれるようになった。これは二〇〇〇年三〜四月に起きた北海道有珠《うす》火山の噴火のさいにハザードマップが有効に活用されたことと無縁ではない。有珠山周辺の地元自治体では平時からハザードマップを用意し、防災訓練や住民の啓発活動に活用してきたこともあり、二〇〇〇年噴火時には犠牲者を一人も出すことはなかった。この例は、ハザードマップの有効性を示すだけでなく、ハザードマップを備えておくことが観光客に対して観光地側が安全に配慮していることを示し、万一の場合の重要な安心材料になることも意味する。

富士山は静岡・山梨両県にまたがるうえ、噴火時には風下側に火山灰が拡散して、神奈川県や東京都へも影響がおよぶことが懸念される。このため、富士山のハザードマップづくりの枠組みづくりや災害時の自治体間の調整は国が主導で行なわざるを得ない。このような背景から二〇〇一年七月に国や関係自治体からなる富士山火山防災協議会が設置され、同月設置された学識者や行政担当者からなる富士山ハザードマップ検討委員会に対し、ハザードマップ作成の諮問がなされた。これを受け、同委員会では二八回におよぶ審議の末、二〇〇四年六月に富士山ハザードマップの最終報告書を提出した。ここでは、その内容を中心に紹介する。(1)

富士山のハザードマップはどのようにしてつくられたか？

富士山のハザードマップを作成するためには、今後の噴火予測を行なううえで参考とする過去の噴火期間、噴火が想定される場所や規模、噴火の種類などの前提条件を決める必要がある。Ｉ－４章にあるように、富士山はこれまでじつに多様なタイプの噴火を何百回もくり返してきた。山体が巨大なこともあり噴火の場所もさまざまである。このことは噴火の予測を困難にしている。ただ、一方ではこれまで発生した多数の噴火によりもたらされた噴出物が地層中に残されているため、それらを丹念に調べることで定量的な検討を行なうことができる。

参考とする噴火期間　最近三二〇〇年間はマグマの噴出率はほぼ一定であること、二二〇〇年前以降は山腹噴火の時代ではあるものの、二二〇〇～三二〇〇年前まで続いたような山頂噴火の時期（ステージ6）に入った可能性も否定できないことから、三二〇〇年前以降の噴火活動を参考にすることにした。

噴火の規模　噴出量にもとづき大・中・小の三区分とした。大規模噴火のうち溶岩を噴出した噴火は青木ヶ原溶岩を噴出した西暦八六四年噴火や宝永スコリアを噴出した西暦一七〇七年噴火がある。大規模噴火の噴出量としては〇・二〜〇・七立方キロメートルが想定されている。中規模噴火（〇・〇二〜〇・二立方キロメートル）では三二〇〇〜二二〇〇年前の山頂噴火の降下テフラの多くが、小規模噴火（〇・〇〇二〜〇・〇二立方キロメートル）では二二〇〇年前以降の山麓の側《そく》噴火のさいに噴出した降下テフラや溶岩の多くがこれにあたる。

想定する噴火現象　三二〇〇年間に発生した、ないしは発生した可能性が高い噴火現象として、溶岩流、降灰、噴石、火砕流《かさいりゅう》、火砕サージ、融雪《ゆうせつ》型火山泥流、降灰後の降雨による土石流を想定した。二九〇〇年前に御殿場岩屑《ごてんばがんせつ》なだれが発生しているため、岩屑なだれも対象に加えるべきか検討されたが、予測を行なうための資料が不足していることから災害実績図を示すのにとどめることとした。水蒸気爆発、火山ガス、空振などによる被害も想定されるが、実績が不明で予測が困難なため文章の記述にとどまった。

想定火口位置　ハザードマップは三二〇〇年前以降に形成された火口の実績図にもとづき作成された。富士山のような玄武岩《げんぶがん》質の火山の場合、マグマの粘性が小さいため、マグマは上昇してくると幅が一〜二メートル程度の薄い割れ目を押し開きながら上昇し、これが地表と接した場所で噴火が発生する。この割れ目をマグマが満たした後に板状に固まってできたのが岩脈である。富士山の場合、フィリピン海プレートがユーラシアプレートを押す方向が北西—南東方向であるために、この方向に圧縮力が加わり割れ目ができそこには多数の小さな火山である側火山が誕生する。ただ、実際に実績図を書いてみると北東方向にも多数の側火山が分布する。側火山同士の距離はおおむね一キロメートル以内である。このため、今後新たな火口が生まれるとしても、現在ある火口から一キロメートル以内にできる可能性が高い。そこで、火口実績図に示した火口から半径一キロメートルの円周のいちばん外側の線を連ねたものを想定火口領域とした。

また、過去の噴火の規模別実績をもとに、推定火口をさらに大規模・中規模・小規模に三区分した。なお、噴火が差し迫れば噴火が起きる可能性が高い領域では地震や地殻変動などの異常現象が観測され、噴火の可能性領域をより特定できる可能性もある。

溶岩流、降灰、噴石の到達範囲や到達時間を推定するためのシミュレーションは、想定火口領域の外周線上に火口を設け、そこで噴火が発生した場合を仮定して行なった。

溶岩流は大・中・小規模の三タイプのそれぞれについて規模別に噴出量を変化させ、二時間から最大四〇日までの間の到達範囲を計算した。溶岩流の分布は地形の起伏に大きく左右される。

噴石の到達範囲は、これまでの噴火実績などから、小・中規模噴火の場合、火口から一キロメートル、大規模噴火の場合、火口から四キロメートルとした。ただし、これはあくまで噴石が風の影響を受けずに弾道飛行した場合の距離で、大規模噴火で上空まで吹き上げられた大きな噴石が風により風下側に吹き流された場合はより遠方まで到達するので注意が必要である。

火砕流は、急斜面に火砕物が堆積した場合に定置できなかったり、いったん堆積してもそれが崩壊した

◆富士山火山ハザードマップができるまで◆

そもそも火山災害は、いつどこで発生するかを予測することはもちろん大変なのだが、それにも増して噴火が始まってからも、次にどのような噴火のタイプに移り変わるのか、いつ終息するのかなど、予測できない点も多い。

とくに富士山のように、日ごろ噴煙を上げたり地震活動などといった顕著な火山活動を行なっていない活火山では、予測が困難である。噴火前にどのような地震活動がどのように発生するのか、といった前兆に関するデータもほとんどないので、他の火山の例を参考にするしかない。

このため、どこで、どのような噴火活動が発生するかを予測するには、過去にどのような噴火活動をしてきたかを調べ、そこから推測するしかない。過去の噴火履歴を調べるのに、歴史時代に起きた噴火ならば文書や絵画などの史料をひもとく方法がある。ただし、また聞きや後世の人が推定して書いたものもあるので、データの質については吟味が必要である。さらに古い時代については、史料が残されていないので、考古遺跡の調査結果や地質調査結果から推定するしかない。

このようにして現地調査の結果などをもとに作成されるのが**実績図**（disaster map）である。この実績図をもとに、ハザードマップを作成するうえで参考とする過去の火山活動の期間、想定する噴火規模や噴火現象などを決定する。

これが決まると、いよいよ火山ハザードマップを作成することができる。

富士山ハザードマップ検討委員会では、防災ドリルマップと可能性マップという二種類のハザードマップを作成した。

防災ドリルマップは、数値シミュレーションで求

富士山をもっと知るためのコラム

めた個々の現象がおよぶ範囲を地図上に示したマップで、特定の噴火によりどの付近まで影響がおよぶのかという具体的なイメージをもつことができる。ただし、この図のみでは、シミュレーションを行なった特定の噴火しか起きないのではないかという誤解を与える恐れがある。

シミュレーションをすべての噴火が発生する危険のある地点について行ない、結果を総合化したのが、**可能性マップ**である。

これは個々の火山現象がおよぶ可能性がある範囲を地図上に網羅的に示したマップで、噴火が起きた場合、富士山の周辺の全域を対象に、被災を被る危険性が高いか低いかを示したものである。

このマップはどの付近が災害を被る可能性が高いか一目でわかる。ただし、噴火が起きると富士山の周辺の全域に被害がおよぶという誤解を与えたり、要因別に図が作成され重ね合わされるために、図が複雑になりわかりにくくなったりする。

ハザードマップにもとづき、避難までの時間などを考慮し、危険度に応じて避難エリアを区分するとともに、防災施設などの情報を加えたものが**火山防災マップ**である。火山防災マップには、防災業務用と一般配布用マップがある。

防災業務用マップは自治体の防災担当者が災害時の避難計画や平常時の防災計画のために使用するもので、避難場所や避難経路の整備、防災に強い町づくりのための土地利用計画などにも活用される。

一般配布用マップは防災業務用をさらに簡素化・明確化し、災害時の行動指示情報を加えたもので、一般住民が災害時に円滑な避難行動をとれるようにするためのものである。

富士山の場合、住民数をはるかに上回る観光客が訪れる。これらの人びとは富士山の地理に不案内であることなどから、観光客のための**観光客用マップ**も用意された。

りして発生すると考えられる。そこで、斜面の傾斜が三〇度以上の範囲を火砕流の発生場所とした。また、火砕サージの到達範囲は雲仙普賢岳《うんぜんふげんだけ》の実績などから火砕流の到達限界範囲から一キロメートル先までとした。融雪型火山泥流は積雪期に火砕流が発生した場合に雪が火砕流の熱でとけて発生する泥流で、今回は火砕流の到達範囲で積雪の厚さが五〇センチメートルないしそれ以下の範囲はすべてとけると仮定した。

降灰はとくに大規模噴火の場合に発生する広範囲への影響が問題となるため、大規模噴火のみを想定することとした。この場合の噴火の継続時間や噴出率の変化などシミュレーションを行なううえでの初期条件は宝永噴火の例に従うこととした。

このようなシミュレーションにもとづき、ある特定条件下のハザードマップ（防災ドリルマップ）が作成され、さらにこれを積算してつくられたハザードマップ（可能性マップ）も作成された。ただし、このようにして作成された火山ハザードマップだけでは、たとえば噴火の危険が高まった場合、どの範囲にいる人がまず避難しなければならないのかはわからない。

富士山火山防災マップを使った避難方法

富士山火山防災マップでは富士山ハザードマップの内容を吟味して、噴火の可能性が高まったときに、「すぐに避難が必要な地域」と「避難の準備を行なう地域」が設定された（**口絵4**）。

このうち、「すぐに避難が必要な地域の範囲」は、噴火が始まってからでは、住民が安全に避難するだけの時間を確保できない場合がある範囲をいう。具体的には噴石や火砕流・火砕サージの到達範囲や溶岩流が三時間以内に到達する範囲である。

噴火開始後、避難準備には何時間必要かを自治体の防災担当者が議論した結果、最低三時間は必要、ということになった。このため、避難時間を確保できない、溶岩流の到達三時間以内の範囲の人達は噴火の危険が高まった場合、すみやかに避難する必要がある。

「避難の準備を行なう範囲」は、噴火開始後に避難準備をしても間に合うものの、いずれは被害を受ける可能性が高い範囲を指す。具体的には溶岩流が三～二四時間後に到達する範囲をいう。

これらの範囲から住民が避難する場合、どのような段階で避難行動に移るかが重要である。これは自治体の指示によることになっているが、実際には気象庁から発表される火山情報による。

気象庁の火山情報には危険度が高まるにつれ、火山観測情報、臨時火山情報、緊急火山情報の三種類がある。このうち火山観測情報は、すぐに噴火が発生する可能性は低いが、火山活動に変化がみられた場合などに発表される情報である。臨時火山情報は、火山現象による災害について防災上の注意が必要な場合に出される情報で、火山性地震や地殻変動などから噴火の可能性が高まった場合などがこれにあたる。緊急火山情報は、噴火により居住地などで重大な人的被害が生じたり、その恐れがある場合に出される情報で、災害を引き起こすような噴火がさしせまったり、実際に噴火が発生した直後などに出される。

火山観測情報が発令された段階で入山自粛が、臨時火山情報が発令された段階で、観光客や住民のうち老人や病人など災害弱者の避難や一般住民の自主避難が行なわれることが考えられる。そして緊急火山情報が出た段階では「すぐに避難が必要な地域の住民」の避難が始まる。

ただし、気象庁の情報が発表される前に噴火が始まることも想定しておくべきであろう。また噴火が始まり、噴火の発生地点や規模、主要な噴火現象などが特定できれば、避難範囲は絞り込まれたりして、変更されるはずである。

ハザードマップ活用のための課題

富士山ハザードマップ検討委員会により作成された富士山のハザードマップの試作版は、これまで国内外で例をみない新しいタイプのものとなった。現在、このマップをもとに、関係自治体では各市町村レベルで、防災マップを作成するための努力が続けられている。

ただし、これを有効に使うためには、ふだんからさまざまな用意をしておく必要がある。たとえば、現在の観測体制では大規模噴火はある程度予測できるかもしれないが、小規模噴火を予測するには地震計やGPS観測装置などが不足していて、異変を見落とす可能性がある。そのため富士山の火山活動をよりくわしく調べるための監視・観測体制をより充実させることが必要であろう。土石流を食い止めるための砂防施設も環境に配慮したうえで整備することも重要である（**口絵1**）。また、富士山の周辺は幹線道路が限られており、避難経路として道路網を増やしておくことも必要であろう。

このような建物などのハード面もさることながら、ソフト面のいっそうの充実が重要である。ハザードマップは作成しても、住民や行政そして観光業をはじめとする地元の産業界でも活用されなければ意味がない。そのためには、ハザードマップには防災のみならず、富士山の火山活動から我々が多大な恩恵を得ていることを周知させる役割があることも忘れてはならない。

また、富士山周辺の住民や観光客に対して平素から富士山に関する正しい知識を知ってもらうことも大切である。二〇〇四年度には静岡県側の市町村は独自の富士山防災マップを作成し、全戸に配布した。ハザードマップの内容をより多くの人たちに正しく理解してもらうには、住民がくり返し参加できるような講演会の開催を工夫する必要もある。富士山には風雨による侵食でできた崖やかつての砕石場の跡地に地層の断面が露出している。このような崖に解説文などを加え、エコツアーなどで活用すれば生きた自然の教材となるだろう。

自治体としても、病院や学校など公共性の高い建物は、災害がおよぶ危険の低い地域に設置するなど、災害に強い地域社会をつくる努力も必要である。また、富士山麓の自治体どうしでの連係を強めるために、共同で防災訓練を行なったり、噴火が起きた場合に相互に協力する防災計画をつくったりすることも必要であろう。

ハザードマップについても、一度つくったらそれで終わりではなく、研究者や行政担当者は研究成果の進展や火山活動の変化などに応じてハザードマップの更新を行なうことも不可欠である。とくに、噴火が始まったときに、その状況に応じて噴火のシミュレーションを行ない、被災予想範囲をリアルタイムで決定するリアルタイムハザードマップの研究を進めることは重要である。

◆火山災害のいろいろ◆

火山は噴火すると、マグマのしぶきが冷え固まり火山ガスとともに噴煙となり空中を上昇し、噴煙は上層の風により拡散して風下側の広い地域に**火山灰**や**火山礫**《かざんれき》が降りそそぐ。

火山灰や火山礫は多くの場合、あたっても死傷することはまれだが、木造家屋の屋根に厚く積もると建物は重みに耐えられずに倒壊することがある。火口の近くには火口から直接、砲弾が飛び出すように飛び散る**噴石**とよばれる直径数十センチメートル～数メートルの岩塊が落下し、数十センチメートルの厚さのコンクリート製の壁を貫くこともある。

マグマが冷え固まらず、火口から一〇〇〇～数百度の高温状態のまま流体として流れ出るのが**溶岩**である。

溶岩の移動速度は普通時速数キロメートル程度と遅いため、走れば逃げることが可能だが、流路にあるすべてのものを焼き、破壊し、溶岩の下に埋没させる。溶岩が湖や海に流入すると湖水や海水が溶岩の熱で急速に蒸発し、水と接して急速に固まった溶岩を吹き飛ばす水蒸気爆発が発生することもある。

噴煙が崩れ落ちたり、急斜面に積もった溶岩やスコリア丘が崩れたりして、高温のガスと火山灰、火山礫が地表を時速数十～一〇〇キロメートルで流れ下るのが**火**《か》**砕流**《さいりゅう》である。

富士山をもっと知るためのコラム

火砕流は普通、地形の低い場所を流れるが、火砕流のなかでも比較的火山ガスに富んだ部分が集まってできる高温の**火砕サージ**は、地形の凹凸に関係なく拡散する。

長崎県島原半島の雲仙《うんぜん》普賢《ふげん》岳一九九〇―一九九五年噴火では溶岩ドームの崩落により火砕流や火砕サージがくり返し発生し、これに巻き込まれた四四名が犠牲となった。

積雪期に火砕流が発生し雪の上に高温の火砕流が堆積すると、雪がとけて泥流《でいりゅう》が発生し、時速数十キロメートル程度で流れ、谷ぞいの住宅を襲うこともある。一九一五年に北海道の十勝《とかち》岳で発生した、このような**融雪型火山泥流**では一四四人が犠牲となった。泥流は、降灰などにより地表に厚く堆積した火山灰や火山礫が、降雨により河川に流れ込んでも発生する。Ⅱ-1章でも述べたように一七〇七年の宝永《ほうえい》噴火では、噴火後約四〇年間にわたり、このような二次泥流がくり返し発生し、下流の集落を襲った。

火山の山体の一部が、地震や上昇するマグマの圧力により崩れ落ちる**山体崩壊**では、崩壊した土砂が山麓の広い範囲を厚くおおうため大きな被害が発生する。Ⅱ-1章でも述べたように、富士山では二九〇〇年前に、東側斜面にあった古富士火山の山体の一部が崩壊して御殿場《ごてんば》岩屑《がんせつ》なだれとなり東麓を埋め、その厚さは現在の御殿場市街地一帯では約一〇メートルある。また山体崩壊物が湖や海に流入すると津波が発生する場合もあり、湖岸や海岸部では注意をはらう必要がある。

富士山では噴火にともない、溶岩の流出や火山灰・火山礫の降灰、噴石の落下、降灰に由来する二次泥流の発生が一般的で、しばしば火砕流も発生する。融雪型火山泥流の痕跡はまだ確認されていないが、火砕流の発生が確認された以上、これに備えるべきであろう。岩屑なだれは深刻な火山災害を引き起こすが、発生頻度が数千年に一度と小さく予測手法が不明なため、現状では山体崩壊の予測を行なうことは困難である。

火山噴火にともなう災害のほかに、富士山では初冬や晩秋を中心に平常時でも大雨のときに一種のなだれが発生して多量の土砂が移動し、最終的には土石流となり下流の谷ぞいを流れ下ることが知られている。このようななだれは**スラッシュ雪崩**（**雪代**《ゆきしろ》）、とよばれる。

スラッシュフローは積雪の最下部が凍結して水はけが悪くなっている場合に、一時的な大雨があると水が下に浸透せずに雪が水で飽和し、一気に下流側に流れくだる現象のことで、下流側ではこの水に富んだ強い流れにより土砂が運ばれ**土石流**となる。

江戸時代の一八三五（天保六）年に発生した雪代は、富士宮一帯の村々に流れ込み多数の犠牲者が出た。現在では砂防施設により雪代災害は少なくなったが、しばしば道路が雪代による土砂で埋まるなどの被害が発生する。

◇富士山監視ネットワーク——リアルタイム噴火予測をめざして◇

火山災害は他の災害にくらべて、噴火の始まりやその推移をリアルタイムで予測する必要性が大きい。

富士山のように巨大な山体をもつ火山では、山体のどこで噴火が発生するかが、第一に重要な情報である。次にどのようなタイプの噴火になるのか、溶岩流や火砕流がどの方向へ、どの谷筋へ流下するのか、降灰の方向は、など、これらは噴火前にある程度の予想は立てられても、正確に予測することはたいへん難しい。

最近発生した主な噴火、三宅島噴火（二〇〇〇

富士山をもっと知るためのコラム

◀北カメラ
山梨県河口湖町
【湖南中学校】
2002. 5. 30 7:46

▼西カメラ
静岡県田貫湖
【日本大学生物資源科学部花鳥山脈実習場】
2002. 5. 25 14:50

▼北東カメラ
山梨県山中湖村
【日本大学文理学部】
山中セミナーハウス
2002. 5. 26 7:38

南西カメラ▶
静岡県富士宮市
【石の博物館】
2002. 5. 28 7:46

◀南東カメラ
静岡県三島市
【日本大学国際関係学部】
2002. 5. 26 5:10

年）、有珠《うす》山噴火（二〇〇〇年）、雲仙《うんぜん》普賢《ふげん》岳噴火（一九九〇～一九九五年）、伊豆大島噴火（一九八六年）などいずれの場合も、噴火開始後の噴火の推移を迅速にとらえ、これにすばやく対応する的確な行動が大事であることを教えた。

日本大学では二〇〇一年一二月末より富士山監視ネットワークの運用を開始した。富士山の状況を全方位からとらえるため、富士山を取り巻く五カ所にカメラを置き、リアルタイムの画像を東京都世田谷区の日本大学文理学部のサーバーに集め、さらにインターネットで一般に配信している。

カメラは、東：籠坂峠付近、山頂から一二・四キロ、北：河口湖町、山頂から一五・二キロ、西：富士宮市、山頂から一五キロ、南西：富士宮市、山頂から一一・八キロ、南東：三島市、山頂から三〇・一キロに設置されている。

この監視ネットワークは、平常時の富士山を取り巻くさまざまな状況を把握すること、平常時と比較

富士山をもっと知るためのコラム

して異常をすばやくとらえること、異常の発生がみられたときに迅速にその進行や周囲への影響を判断すること、一般に公開され、誰もこのネットワークを活用できること、などが特徴であり、ねらいである。

　噴火が始まったときに、どの方向にどれだけの量の火山灰やスコリアが降ったのかをすぐに把握するため、すでに連絡網がつくられ、火山灰採取容器（トラップ）の設置などの準備が進められている。火山灰採取容器は一定の面積に積もった量を測れればいいので、紙コップを野外に置いておくなど簡便なもので十分である。

　また、このネットワークを軸として、さまざまな緊急情報を地形図上にすばやく示し、ハザードマップと重ね合わせるなど、誰もがアクセスできる災害情報ネットワークの作成に努力している。

現在の富士山は静穏な状況にありますが、日ごろから富士山の姿を関心をもってみてください。

毎日の雲の動き、積雪状況の変化などは、〝日本大学富士山監視ネットワーク〟（http://fuji.chs.nihon-u.ac.jp/）でみることができます。是非アクセスしてみてください。

また、〝日本大学富士山観測プロジェクト〟（http://www.geo.chs.nihon-u.ac.jp/quart/ fuji-p/）へ飛ぶと、動画やさまざまな情報をみることができます。

自然災害・環境問題全般については、〝自然災害と環境問題のページ〟（http://www.geo.chs.nihon-u.ac.jp/saigai/ index.html）をご覧ください。

3 富士山の恵み——豊かさを育む火山灰土壌

富士山からの豊かな贈り物

富士山は、我々の生命や財産を脅かすような活発な火山活動をくり返してきたが、同時にさまざまな恵みも与えてくれている。

富士山といえば、葛飾北斎をはじめ古今東西の画家に描かれているように、その高く均整がとれた優美な地形が特徴である。このような地形はどのようにしてできたのだろうか？　富士山は古富士火山の時期には火山泥流を新富士火山の初期にはなだらかな山麓の斜面をつくる規模の大きな溶岩流がくり返し噴出した。その後山頂を中心にくり返し噴火が起きた結果、溶岩や火砕物により山頂付近には急斜面が、山麓にはなだらかな斜面がつくられた。とくに山麓に流れ下った膨大な溶岩や火山泥流は、農地や工業地帯に欠かせない広大な平坦な地形をつくり上げた。富士、富士宮、裾野《すその》、御殿場《ごてんば》などとくに静岡県側の都市は広く平坦な山麓に位置し、ここには多数の工業団地がつくられている。

また、富士山は柿田川や忍野八海《おしのはっかい》の湧水のように豊富で清らかな湧き水の宝庫としても知られている。降雨は山体や山麓をつくる火山礫《かざんれき》や溶岩、土石流などの堆積物のなかを浸透し、地下水として貯えられ山頂側から山麓側へと移動して、湧水として地表に噴き出す。湧水は河川をつくりさまざまな産業に使用される。また、地下水は砂礫《されき》層などを移動した結果、濾過《ろか》されて岩石中から溶解したさまざまな成分をふくみ、豊かな水となり清涼飲料水などとして利用される。このように、富士山の噴火は、短期的には周辺域での生活を困難にするため災害となるが、長期的にはそれを上回る恵みを私たちに与えてくれている。

そのような恵みのひとつに火山灰土壌があげられる。度重なる噴火で山麓には膨大な量の火山灰が堆積した。火山灰は時間がたつにつれ、風化して火山灰土壌となる。火山灰土壌自体はけっして肥沃な土ではないが、人間の力で豊かな土へと生まれ変わった。土壌は農・畜産業や林業の基盤であり、これをもとに私たちが生きていくうえで不可欠な食料や酸素が生み出される。土壌は私たちの足元にあり、ついその存在すら忘れてしまいがちだが、このように多様な力を秘めており、その機能は土壌の種類により大きく異なる。そこで、次に火山灰土壌とは何かについて考えてみたい。

畑作を支える土

火山灰土壌はしばしば有機物を多くふくむため黒く、耕すとボクボクという音がするため「黒ボク土」とよばれる。わが国は一〇八の活火山を有する火山国であり、これら火山の風下側を中心とした地域には多量の降下火山灰層が堆積し、これを母材とした火山灰土壌、すなわち黒ボク土が分布する。その面積は国土の一六パーセント、全農耕地の二七パーセントにおよぶ。黒ボク土は耕すのが容易であるため、ダイコンなどの根菜類やジャガイモ、大豆などの作物の生産に適しており、畑地の四七パーセントを占める。火山の周辺で栽培される作物といえば北海道羊蹄《ようてい》火山のジャガイモ、浅間火山の高原キャベツ、桜島火山のダイコンなどが有名である。また、ジャガイモ、小豆、長芋、砂糖の原料となるてん菜などの産地で、わが国の食糧基地ともいわれる北海道中部の十勝《とかち》平野には、南部の樽前《たるまい》火山や支笏《しこつ》カルデラなどから噴出した降下火山灰が堆積し、これがもとになりできた黒ボク土が広がっている。

火山灰土壌の成因

では、火山灰土壌はどのようにしてできるのだろうか？

火山灰はもともと約一〇〇〇℃の高温の半固結状態のマグマが、地下数キロメートルの深さで発泡して粉々に砕け、〇～三〇℃程度の大気中に放出されて、急冷してガラス化したものである。このため多孔質で水や空気を通しやすく、化学的にも不安定な状態にあるため、微酸性である降雨にさらされることにより火山灰のガラスの部分や斑晶《はんしょう》鉱物が溶解する。このような変化は化学的風化作用とよばれる。また、火山灰のなかの隙間に水分をふくむ状態で乾湿がくり返されると、水と火山灰の膨張率の差から火山灰の内部に微細な亀裂が発生し破砕することもある。このような変化は物理的風化作用とよばれる。風化した火山灰は風に運ばれて、火山灰以外の土ぼこりとともに再び広範囲に堆積することもある。これが火山灰土壌の母材となる。

不毛な土から肥沃な土へ

風化した火山灰の上には荒れ地でも育つススキなどのイネ科の草本が生育する。今でも富士山の南東山麓の大野原や朝霧高原には広大なススキの原が広がっている。ススキは多量の有機物をふくみ、枯れるとこの有機物は微生物により分解・再合成され、高分子化合物である「腐植《ふしょく》」が生成される。腐植は火山ガラスなどの火山砕屑物が風化して溶け出てくるアルミニウムと結合するため分解されにくく、せっかく多量の有機物をふくんでいても養分の供給源とはなりづらく、土壌中のリン酸とは結合しやすい。

このような腐植に富む表層の土壌（A層）の下位には、A層から溶け出した鉄などが集積したB層がつくられる。B層には、火山灰の一部の化学成分が溶け出したり物理的風化を受けたりした結果つくられる、直径二ミクロン（〇・〇〇二ミリメートル）以下の細かな粘土が多くふくまれる。粘土は火山ガラスが風化変質してできたケイ酸と酸化アルミニウムの複合体である粘土鉱物からなる。その代表的なものにアロフェンがある。アロフェンは直径五〇オングストローム程度の非常に小さな中空の微粒子で、腐植と同様、土壌中のリン酸と結合しやすい。このため、肥料を施用しないと植物が吸収できるリン酸が不足する。[1] 戦前にリン酸肥料を十分に施用できない時代はリン酸が不足し、作物が十分生育できず、火山灰土壌は不毛の土壌といわれていた。戦後、リン酸肥料が多量に施用できるようになるとこの問題は解消し、火山灰土壌は肥沃な土壌へと変貌した。

一方、腐植や粘土は微生物の働きで結合されたり、ミミズなどの小動物に食べられて結合したりして、直径数ミリメートル程度の崩れにくい固まりとなる。この固まりは団粒《だんりゅう》とよばれる。団粒は内部に多数のすきまがあるため、このすきまに水分を貯留することができる。また、多数の団粒が堆積するとできる団粒と団粒の間の直径数ミリメートル程度のすきまは、大雨のさいには水を下方に排水する通路になり、乾燥時には貯留する場となる。火山灰土壌はこの団粒が著しく発達しており、液体や空気が貯まっているすきまが全体の約七〇パーセントと他の土壌にくらべ二倍近く大きい。これにより、空気の移動も容易であるため植物の根が成長するさいに十分な酸素を供給することができる。このように、火山灰土壌は通気性、保水性、排水性にすぐれるという特徴をもっている。つまり黒ボク土は、とくに根菜類を中心とする作物の生産に適した土壌といえる。

おいしいお米と水かけ菜

では、富士山の火山灰土壌は、具体的にはどのような恵みを与えてくれているのだろうか。富士山一帯の衛星画像をみると富士山の裾野にはオレンジ色で示されるような広大な農地が広がっている（**口絵10**）。このうち東麓の御殿場市から小山町にかけての地域の農地は主として水田である。良質米の産地といえば

図1　富士山東麓の水かけ菜
水稲収穫後の水田に富士山の湧き水を流して栽培し、漬け物に加工する

新潟県魚沼のコシヒカリというように、北陸や東北地方が思い浮かぶが、じつは御殿場市や小山町もこれに負けない良質のコシヒカリの産地である。

御殿場市や小山町の標高五〇〇メートル以下の地域には御殿場泥流《でいりゅう》堆積物が分布する。この堆積物は礫混じりの泥質な堆積物から成るので不透水層であり、そのうえに堆積した火山灰土壌を基盤として古くから水田がつくられてきた。この地域は御厨《みくりや》とよばれるが、御厨は台所という意味で、ここが平安時代に伊勢神宮の荘園でその当時から水稲栽培がさかんであったことがうかがえる。とくに標高五〇〇メートル以下の地域には、富士山の山体を流れ下ってきた地下水が豊富な湧水として湧き出ており、この水が水稲栽培の灌漑水として利用されてきた。またこの地域は夏期が冷涼であるため、栽培期間が長く根のしっかり張った水稲が生育するうえに、農家の栽培技術が高いこともあり、良質米が生産されているのである。

水田では米をつくるだけでなく、「水かけ菜」とよばれる野菜も生産している（**図1**）。晩秋になると水稲収穫後の水田には高い畝《うね》がつくられ、畝に種をまき、畝と畝の間に湧水を灌漑して水かけ菜が生産される。湧水は年間を通じて水温が一三℃程度と安定しているために、冬期の冷たい外気から水かけ菜の生育を守る。水かけ菜は富士東麓の特産物の漬け物として全国各地に出荷されている。

たくましい富士芝

富士山といえば山麓に多数のゴルフ場があることでも有名である。ゴルフ場で使う芝のなかでも、富士芝は緑が濃く、じゅうたんのようにすぐれた特性をもつことが知られている。もともと富士芝は、富士山麓のなかでも山体に近い、粗粒なスコリアに富む火山灰土壌が分布する東麓地域に生育する野芝から品種改良されて生まれた芝である。(2) このため富士芝はやせた土壌でも根の生育が良好で、ゴルフ場以外にも高速道路の斜面、庭園などに用いられる。

富士のお茶

愛鷹《あしたか》山麓から富士山南西麓の富士市や富士宮市にかけての富士・沼津地域は茶栽培の産地として知られている（図2）。この地域には新富士火山や古富士火山の降下火山灰層が一メートル以上堆積しており、その間にはしばしば新富士火山の旧期溶岩や古富士火山の岩屑《がんせつ》なだれ堆積物が堆積している。富士火山の火山灰の多くは偏西風に運ばれて山体の東側に堆積するものの、まれに低気圧などの影響で西側や南側に

図2　富士山南西麓の茶園
火山灰土壌は排水性に優れているため、茶樹の根の生育がよい

降ることもあり、それらがもととなって、この地域の火山灰土壌が形成された。火山灰には粗粒なものが少ないため、土壌はほぼ細粒で、腐植も厚く集積している。火山灰土壌は排水性にすぐれているため、茶樹の根の生育がよく、富士・沼津地域は静岡県内の主要な茶栽培地域のひとつとなっている。

おいしいミルク

北西麓の朝霧高原は、鎌倉幕府を開いた直後に源頼朝が、「巻狩り」とよばれる大規模な軍事演習をかねた狩りを行なったことで有名である。第二次世界大戦までは旧日本陸軍が演習場として利用してきたが、現在では広大な酪農地帯となった。この土地には新富士火山の火山灰層の厚さが数一〇センチメートルで、その下位には旧期溶岩が厚く堆積している。火山灰土壌層が薄く、標高が約七〇〇メートルと高地で冷涼な気候であるうえに、夏期には降水量が多く日照時間が少ないので、作物の生産に適しているとはいえない。そのため、戦後、草地がつくられ酪農経営が開始され、現在では静岡県内でも主要な酪農地帯となった。最近、この地域では酪農だけでなく乳製品の加工・販売や体験牧場も併設されており、都市住民へやすらぎの場を提供している。このように、富士山の周辺では火山灰土壌の利点や立地環境の特徴を生かした農業が行なわれている。

豊かな森林

一方、富士山には豊富な森林資源が残されている。これらの森林の大部分は溶岩流の分布域ないし未固結の火砕物の分布域にあたる。このうち山梨県側の県有林の大半は明治天皇の御料地が下賜されたもので、カラマツ、シラベ、アカマツなどの人工林とナラ、ブナ、モミ、コメツガなどの天然林がそれぞれ約半分を占める。[(3)]森林は、二酸化炭素の吸収や土砂侵食防止、水資源貯留、洪水防止などの環境保全的機能をもつ。また、レクリエーションや自然探索（エコツアー）など都市住民が自然と触れあう貴重な場を提供している。とくに青木ヶ原樹海のように貴重な天然林が多数残された森林の探索は人気が高い。富士山の場合、静岡県側、山梨県側ともに山体斜面の大部分は県有林や国有林にあたり、その大半はこのような保全すべき森林やふれあいの場として保全されている。山麓部の民有林では成長したり密集したりした樹木の

図3　富士山から70km東の黒ボク土（神奈川県藤沢市）
新富士火山の火山灰土壌である黒ボク層の下には古富士火山の火山灰土壌である立川ローム層が堆積している

伐採、利用が行なわれている。ただし、富士山とその周辺の森林の大半は富士箱根伊豆国立公園にふくまれるため、観光地としての景観を配慮した林業が行なわれている。

ローム層が生み出す根菜類

富士山から遠く離れた地域にも富士山の火山灰土壌は広がっており、それを利用した畑作が行なわれている。東京の練馬ダイコンや神奈川の三浦ダイコンなどはその例である。練馬ダイコンは漬け物用として、三浦ダイコンは白首のやや辛味の強いダイコンとして知られている。

東京や神奈川県東部では、地表から

一〜一・五メートル程度は新富士火山の火山灰に由来する黒色で腐植に富む火山灰土壌（黒ボク層）が、その下位の三メートル程度は古富士火山の火山灰に由来する褐色の火山灰土壌（立川ローム層）が堆積している（**図3**）。富士山に比較的近い神奈川県西部では、直径数ミリメートル〜数センチメートル程度の火山礫サイズのスコリアがふくまれる場合もあるが、東京付近ではほとんどふくまれておらず、根菜類の生産には最適である。

さらに東方の千葉県や茨城県付近では黒色の火山灰土壌の厚さは約五〇センチメートル、その下位の褐色の火山灰土壌の厚さは一・五メートル程度と東京付近の半分程度だが、これらの地域でもゴボウやさつまいもなどの根菜類の生産がさかんである。

このように富士山から私たちの食卓や環境への豊かな恵みははかりしれない。

V　富士山の火山災害にかんするなんでもQ＆A

Q 史料に書かれている内容の信憑《しんぴょう》性はどのようにして検証するのですか？

A 史料のなかで噴火の記述についての信頼度がもっとも高いものは、噴火を目撃した人物が直接書いた文章です。信憑性の高い史料は、地質調査結果や考古調査結果と内容が矛盾しません。宝《ほう》永《えい》噴火（西暦一七〇七年）を記録した新井白石の「折《おり》たく柴《しば》の記」にある、最初に白い灰が降りこれが灰色に変わったという記述などは、まさに地質学的調査結果と一致するものです。また、さまざまな史料があるなかでも、信憑性の高い史料どうしは、噴火の発生時刻などが一致します。

これに対し、後世に伝聞にもとづいて書かれた史料の場合、異なる時代や時期の噴火現象が混同されていたり、日付や時刻が不正確だったりして信頼性に乏しいことが多いようです。

富士山の膨大な歴史時代の噴火記録を吟味した静岡大学の小山真人さんは、だれが書いた文章かも重要であると指摘しています。(1) 平安時代の朝廷の正式な国の歴史にかかわる報告書である「六国史」などは信頼できますが、歴史学者が創作とみなすような史料は信憑性が低いとみていいようです。

Q 富士山の噴火の予測は可能でしょうか？ 可能ならどのようにして予想するのですか？

A 富士山がいつ、どこで、どのような噴火するかを今から正確に予測することは、現在の科学の力では不可能です。ただし、多量のマグマが地表近くまで上昇してきて大規模噴火が発生する可能性が高まった場合は、地殻変動や地震活動に変化が現われ、噴火の危険性をある程度予測することはできます。これに対し、小規模噴火が発生する場合には、これらの変化の現われ方が小さいので、現在の観測施設だけで広大な富士山全域の監視を行ない、小規模噴火をすべて予測することは困難です。

Q **富士山が噴火した場合、人間をふくめた生き物にどのような影響があるのでしょう？**

A 噴火の規模や噴出物の種類により影響する範囲や内容は大きく異なります。溶岩流や火砕流《かさいりゅう》は高温で、これらが堆積したり通過したりする場所は、すべて焼かれ埋めつくされます。ただし、その範囲は限られており、噴火後、数十年が経過すれば噴出物の表面は風化して土壌が形成され、しだいに生物相が回復します。

一方、大規模噴火により火山灰が広範囲に降り積もると、短期的には、植物は火山灰の付着や埋没により枯死し動物は餌や生活の場を失います。また、火山灰の微粒子は人間をふくめ動物の呼吸器を傷めるでしょう。長期的には、降灰は降雨により河川に流入し、水質を悪化させ、川底に堆積したり洪水を発生させたりして河川およびその周辺の生態系に深刻な悪影響を与えます。また、噴煙とともに多量のエアロゾルが大気のなかに加われば日射量の減少を招き、気象災害というかたちで地上の生物界に影響をおよぼします。ただし、これらの火山灰も豊かな火山灰土壌の母材となることを忘れてはなりません（Ⅳ－3章）。

Q 火山の大噴火が気候に与える影響は？

A 火山が大規模噴火を起こしたさい、気候学的に問題となるのは、噴煙が成層圏まで到達した場合です。噴煙高度が対流圏内にとどまれば、その天候への悪影響は一過性で、せいぜい数週間程度残るにすぎません。それに対して、成層圏に火山性のエアロゾル（浮遊性微粒子）が大量に注入されると、長期間にわたって大気層中を浮遊するため、地球の気候への影響は非常に大きくなります。

一九九一年六月一五日、フィリピン・ピナツボ火山が二〇世紀最大級の大噴火を起こしました。当時の赤道付近上空の成層圏は東風であったため、地球自転の影響も受け、噴煙がしだいに高緯度側へ拡散し、日射を遮断しました。その「パラソル効果」*によって、一九九二年暮れには北極圏上空に強烈な寒気団を形成し、その北極寒気団が夏にかけて徐々に中緯度に移動して、一九九三年の大冷夏を日本列島にもたらしたと推察されます(2)。

富士山上空、つまり中緯度の成層圏（上空およそ一二～五〇キロメートル）では、冬半年は西風、夏半年は東風が卓越しています。これは、冬半年については、成層圏では、対流圏上層と同様極付近に低気圧が発達しますが、一方、夏半年には、成層圏中・上部に、極圏を中心とした高気圧が出現するためです。

また夏季には、成層圏下部のおよそ一二〜二〇キロメートル上空では、チベット高原上空に中心をもつ巨大な「チベット高気圧」が発達し、アジアの夏の天候を大きく左右します。この張り出し状況は、火山性エアロゾルの移動にも影響を与えます。チベット高気圧の位置や強さは年によって大きく異なり、富士山がその東縁部にあたれば北風、南縁部にあたれば東風、北縁部にあたれば西風が吹くので、その動向にも配慮しておきたいものです。

かりにピナツボ級の大噴火が続発したとすると、火山噴火の気候システムへのインパクトは、地球温暖化をはるかにしのぐものとなりえます。このことは、世界的に気温が現在より一〜二℃低下した、約一五〇〇〜四五〇〇年前の小氷期の存在が如実に物語っています。小氷期半ばには、西暦一七七九年の桜島、一七八三年の浅間山をはじめ、アイスランドのスカプタル火山などの相次ぐ大噴火が起こり、天明大飢饉（一七八三〜一七八七年）などの世界的な飢饉を誘発し、さらにはフランス革命の遠因にもなったと考えられています。[3]

＊パラソル効果　成層圏に漂う微粒子「エアロゾル」が増加すると、日射が遮断され、対流圏の気温が低下する。特に高緯度では、日射の入射角が小さく、大気中の透過距離が長く、加えて大量のエアロゾルで日射が散乱・吸収されるため、その効果は大きい。日傘効果ともいう。

Q 富士山が噴火した場合の季節による風向きの影響は？

A

火山噴出物、とくに軽い火山灰は、風向によって流れる方向が決まります。[4] 日本付近の上空にはジェット気流が吹いていますが、それは季節に応じて南北に移動し、冬は日本列島の南方で強まり、夏は北方へ大きくシフトして弱まります。したがって、富士山の山頂部では、年間通して西風が卓越しているわけではありません。

一九九六年から一九九八年にかけての富士山頂におけるもっとも高頻度の風向を月別に調べてみると、一二～一月が西北西、二～四月が北西、五月が西南西、六月が西、七～八月が西南西です。春～夏は、全般に北太平洋高気圧の発達・北上に呼応して、西南西の風が卓越するようになります。もし富士山がこの季節に噴火すれば、卓越風の風下に入る可能性が高い首都圏で、火山灰などの火山性噴出物が降り注ぐ危険性が大きくなります。

富士山頂で吹きやすい風[5]について、季節を追ってみてみましょう。

まず、冬の典型的な西高東低の気圧配置（西にシベリア高気圧、東にアリューシャン低気圧）のもとでは、地表付近では北西季節風が吹きますが、火山灰を噴出する山頂付近（山頂高度に近い標高三五〇〇メートル程度に相当する気圧である七〇〇ｈＰａが、噴煙追跡のための指標として使えます）の風は西北西となります（地表摩擦の影響が小さい上空ほど西風成分が強まります）。その結果、降灰の危険度の高い地域は、神奈川・千葉両県の南部となります。一方、冬型気圧配置がやや変化し、シベリア高気圧が南にシフトして日本列島方面へ張り出し、アリューシャン低気圧が北海道・千島諸島付近にある場合には、日本列島上は西南西風となり、首都圏への降灰危険度が高まります。

また、移動性高気圧でおおわれた冬の日（地球温暖化のもとで増加が懸念される）に、上空の西風に流された噴煙が、いったん関東平野上空に入ると、午前を中心に地表付近で形成される安定層（接地逆転層）の影響で、吹き飛ばされることなく漂いつづけ、乾燥季であるだけに呼吸器系の疾患を招くことにもなりかねません。

春になれば、上空のジェット気流はしだいに北へシフトします。しかし時おり、大きく蛇行して、その気圧の谷の南東側で低気圧が発達し、春の嵐を引き起こすこともあります。そのような場合、対流圏中層（五〇〇ｈＰａあたり）では、気圧の谷通過前の東側で南西風（北関東方面へ降灰）、通過後の西側で北西風（神奈川県南部・伊豆半島方面へ降灰）が強まります。一方、首都圏にとってもっとも危険な西南西の風は、低気圧があまり発達しないとき、弱めの気圧の谷の東側で吹きます。その頻度は年によっても異なりますが、春・秋は数日に一回程度という意外に高い確率で現われます。

梅雨季、六月は梅雨前線が本州南岸に停滞することが多く（秋雨季も同様）、その北縁にあたる富士山頂付近で西風の頻度が高まります。つまり、梅雨前線が関東地方の南岸にあると、前線面（寒気団と暖気団との境界面）が関東平野の上空にかかり、最下層に北東気流、中下層に南風が入ります。その上層は西風なので、三層構造となり、富士山が噴火したとすると、その噴出物質が上層で初め東へ流れ、下降途中、関東地方上空でよどみ、なかなか解消しないという事態も想定されます。そして大雨でも降れば、首都圏を取り巻く近郊農業地帯に火山灰をふくむ泥雨が降り、農作物に大被害がおよぶというシナリオも浮上します。また、七月には前線が北上して、日本海から北日本方面にかかりやすいのですが、この場合には、対流圏中層で南ないし南西風が卓越するので、噴煙は東北地方まで達するかもしれません。

梅雨前線がさらに北上し、盛夏季になると、日本列島は背の高い北太平洋高気圧におおわれます。富士山山頂部では、穏やかな夏空が広がることが多くなります。山頂より北に北太平洋高気圧が張り出すと、山頂付近でも東風が吹きます。台風が南岸に接近している場合には、東風が強まります。このときには、長野県南部や中京地域など西方への悪影響が心配されます。

噴煙は、偏西風の影響で東へ細長い扇形に広がる場合が多いのですが、季節や気圧配置によっては警戒すべき方角が大きく変化しますので、そのことを念頭に入れて対策を講じておきたいものです。

Q ハザードマップの想定を超える範囲に被害がおよぶことはありうるのでしょうか?

A 富士山ハザードマップ検討委員会により作成されたハザードマップは、富士山の過去の噴火履歴にもとづき作成されたものです。このため、過去に発生したことがないような、たとえばカルデラ形成のような火山活動が突然始まったとすると、想定外の噴火現象が発生したことになり、予想外の被害が発生することはありえます。ただし、他の火山の例をみても突然、過去になかったような噴火現象が発生する可能性はきわめて低いのです。また、今回設定した想定火口はあくまで過去の噴火履歴にもとづき設定したものなので、この範囲からはずれた場所で噴火が発生することがまったくないとはいえません。ただし、このような場合は、噴火前に地殻変動や火山性地震の活動などの変化が現われる可能性が高いと思われます。

Q　富士山の噴火様式が多様であるとすれば、噴火様式ごとの防災対策はあるのですか？

A　ゆっくりと流れてくる**溶岩流**に対しては、鎖でつないだテトラポッドのようなコンクリートブロックを溶岩流の前面に配置し、溶岩流の流れの方向を制御しようとする試みが防災訓練のなかで行なわれています。しかし、高速で移動してくる**火砕流**に対しては、こうした方法で対処することが困難なので、危険地域の住民は事前に逃げるのが最善です。**降灰**に対しては、とくに火山灰を取りのぞく方法と、その灰をどこに積み上げ最終的にどのように処分するかを、噴火前からよく考えておくことが大切です。山麓に堆積した火山灰などの土砂が、降雨にともない**土石流**となり下流側に災害を引き起こすような恐れがある場合には、噴火後に現在の砂防施設のほかに、一時的な沈砂池の建設なども必要となるかもしれません。

Q **富士山のハザードマップが作成されはじめてから、住民の富士山の防災への関心は高まりましたか？**

A ハザードマップを作成する前の住民向けのアンケート結果はありませんが、ハザードマップが作成されはじめた直後の二〇〇二年とその翌年の二〇〇三年のアンケート結果があります。(6) それによれば、①富士山が噴火するという実感がない、②二〇〇一年に有名になった「低周波地震」という言葉を二〇〇三年にはかなり忘却している、③不確かなマスコミの情報よりも気象庁の発表を信用する、などの傾向がみられます。この結果は、正確な情報を、責任ある防災関係者が発信しつづけることの重要さを示しています。

二〇〇四年に富士山ハザードマップ検討委員会によりハザードマップの試作版が公表されてからは、各地でこのマップの説明会や防災講演会などが開かれ、住民の関心は高まったと思われます。この関心を維持するには、マスコミによる正しい防災情報の発信、住民の多くが参加できる防災訓練などをくり返し行なうこと、などが必要であると思われます。

引用・参考文献

I　富士は日本一の山

2　富士山の土台をなす大地――島弧と島弧の衝突帯

(1) 天野一男（一九八六）多重衝突帯としての南部フォッサマグナ　月刊地球　八：五八一―五八五頁
(2) 新妻信明（一九九二）丹沢の衝突『南の海からきた丹沢――プレートテクトニクスの不思議』神奈川県立博物館編　三八―六六頁
(3) 松田時彦（一九九二）丹沢山地の地質と生い立ち『南の海からきた丹沢――プレートテクトニクスの不思議』神奈川県立博物館編　六七―九三頁

3　富士山はなぜそこにあるのか――富士火山の地下構造をさぐる

(1) 貝塚爽平（一九八四）南部フォッサマグナに関連する地形とその成立過程　第四紀研究　二三：五五―七〇頁
(2) 文部科学省地震調査研究推進本部活断層評価ホームページ　富士川河口断層群の調査結果と評価
(3) 文部科学省地震調査研究推進本部活断層評価ホームページ　神縄・国府津―松田断層帯の長期評価の一部改訂について
(4) 山岡耕春（一九九六）沈み込んだフィリピン海プレートの形状と東海地震　月刊地球号外　一四：一一六―一二四頁
(5) 野口伸一（一九九六）東海地域のフィリピン海スラブと収斂形態　月刊地球号外　一四：一〇五―一一五頁
(6) Lee, J. M. and Ukawa, M. (1992) The South Fossa Magna, Japan, revealed by high-resolution P-and S-wave travel time tomography. Tectonophysics 204 377-396.
(7) 相沢広記・富士山比抵抗研究グループ（二〇〇四）富士山での電磁気観測　月刊地球号外　四八：二七―三四頁
(8) 鵜川元雄（二〇〇四）富士山の低周波地震　月刊地球号外　四八：六七―七一頁
(9) 中道治久・鵜川元雄・酒井慎一（二〇〇四）富士山の深部低周波地震の精密震源決定　月刊地球号外　四八：七二―七五

頁
(10) 高田　亮（二〇〇四）割れ目噴火と岩脈が語る噴火史　産総研シリーズ火山――噴火に挑む　産業技術総合研究所地質調査総合センター編　二三三―二四九頁
(11) 高橋正樹（二〇〇〇）富士火山のマグマ供給システムとテクトニクス場――ミニ拡大海嶺モデル　月刊地球　二二：五一六―五二三

4　富士山の生い立ち

(1) 吉本充宏・金子隆之・嶋野岳人・安田　敦・中田節也・藤井敏嗣（二〇〇四）掘削試料から見た富士山の火山体形成史　月刊地球　四八：八九―九四頁
(2) 津屋弘逵（一九三八）富士火山の地質学的並びに岩石学的研究（I）小御嶽の構造　地震研彙報　一六：四五二―四六九頁
(3) 津屋弘逵（一九七一）富士山の地形・地質　富士山――富士山総合学術調査報告書　一―一二七　富士急行
(4) 津屋弘逵（一九六八）富士山地質図（五万分の一）富士火山の地質（英文概説）地質調査所
(5) 宮地直道（一九八八）新富士火山の活動史　地質雑　九四：四三三―四五二頁
(6) 荒井健一・鈴木雄介・松田昌之・千葉達朗・二木重博・小山真人・宮地直道・吉本充宏・冨田陽子・小泉市朗・中島幸信（二〇〇三）古代湖「せのうみ」ボーリング調査による富士山貞観噴火の推移と噴出量の再検討　地球惑星科学関連合同学会二〇〇三年度合同学会予稿集　V〇五五―P〇一二
(7) 高田　亮（二〇〇四）割れ目噴火と岩脈が語る噴火史　産総研シリーズ火山――噴火に挑む　産業技術総合研究所地質調査総合センター編　二三三―二四九頁
(8) 富士山ハザードマップ検討委員会（二〇〇四）富士山ハザードマップ検討委員会報告書　二四〇頁

5　富士山のマグマとマグマ溜り

(1) Kuno, H. (1966) Lateral variation of basalt magma type across continental margins and island arcs. Bull. Volcanol., 29,

195-222.

II 噴火する富士山

1 昼間の江戸を暗闇にした大噴火――宝永噴火

(1) 小山真人(二〇〇二)宝永四年の富士大爆発『富士を知る』小山真人責任編集 集英社 一六―三八頁
(2) 富士山ハザードマップ検討委員会(二〇〇二)富士山についての調査検討結果 富士山ハザードマップ検討委員会中間報告書 八―二六頁
(3) 藤井敏嗣・吉本充宏・安田 敦(二〇〇二)富士火山の次の噴火を考える――宝永噴火の位置づけ 月刊地球 二四:六一七―六二一
(4) 宮地直道・小山真人(二〇〇二)富士山宝永噴火の噴出率の推移 地球惑星科学関連合同学会二〇〇二年度合同学会予稿集 V〇三二―P〇二四
(5) 御殿場市文化財審議会(一九六三)富士宝永の噴火と長坂遺跡 文化財のしおり第4集 一三頁
(6) 宇井忠英・荒井健一・吉本充宏・吉田真理夫・和田穣隆・服部伊久男・米田弘義(二〇〇二)江戸市内に降下し保存されていた富士宝永噴火初日の火山灰 火山 四七:八七―九三頁
(7) 宮地直道(一九八四)富士火山一七〇七年火砕物の降下に及ぼした風の影響 火山 二九:一七―三〇頁
(8) 小山町(一九九八)宝永の富士山噴火 小山町史第七巻近世通史編 二二三―三二六頁
(9) 永原慶二(二〇〇二)『富士山宝永大爆発』集英社新書 二六七頁
(10) 角谷ひとみ・井上公夫・小山真人・冨田陽子(二〇〇二)富士山宝永噴火(一七〇七)後の土砂災害 歴史地震 一八:一三三―一四七頁

2 裾野を埋めた溶岩の海――青木ヶ原溶岩

(1) 宮地直道(一九八八)新富士火山の活動史 地質雑 九四:四三三―四五二頁

(2) 小山真人（一九九八）噴火堆積物と古記録からみた延暦十九～二十年（八〇〇～八〇二）富士山噴火　火山　四三：三四九―三七一頁
(3) 高橋正樹・笠松　舞・松田文彦・杉本直也・籔中公裕・安井真也・宮地直道・千葉達朗（二〇〇四）富士火山青木ヶ原玄武岩質溶岩の表面形態　日大文理自然研研究紀要　三九：一七五―一九八頁
(4) 高橋正樹・松田文彦・小見波正修・根本靖彦・安井真也・宮地直道・千葉達朗（二〇〇五）富士火山青木ヶ原玄武岩質溶岩の全岩化学組成――分析値二七二個の総括　日大文理自然研研究紀要　四〇：七三―九九頁
(5) 千葉達朗・浜倉結花・宮地直道・松田文彦・高橋正樹・安井真也（二〇〇四）ボーリングコアによる古代湖「せのうみ」の埋積過程の検討　日本火山学会二〇〇四年度秋季大会講演予稿集　一一五頁
(6) 小幡涼江・海野　進（一九九九）富士火山北西山麓本栖湖畔の八六四年青木ヶ原溶岩の形態について　火山　四四：二〇一―二一六頁
(7) 上杉陽（一九九八）本市周辺地域の富士系火山砕屑物（テフラ）と溶岩類　富士吉田市史　三二一―三七七頁
(8) 高田　亮・石塚吉浩・中野俊・山元孝広・鈴木雄介・小林　淳（二〇〇四）富士火山西暦八〇〇―一〇〇〇年頃に頻発した割れ目噴火群――^{14}C年代と神津島天上山テフラの層位から　地球惑星科学関連学会合同大会講演要旨
(9) 荒井健一・鈴木雄介・松田昌之・千葉達朗・二木重博・小山真人・宮地直道・吉本充宏・富田陽子・小泉市朗・中島幸信（二〇〇三）古代湖「せのうみ」ボーリング調査による富士火山貞観噴火の推移と噴出量の再検討　地球惑星科学関連学会合同大会講演要旨
(10) Kauahikaua, J., Sherrod, D.R., Cashman, K.V., Heliker, C., Hon, K., Mattox, T.N., and Jhonson, J.A. (2003) Hawaiian lava flow dynamics during the PuuOo–Kupaianaha eruption: a tale of two decades. U.S. Geol. Surv. Prof. Pap. 1676, 63–87.

3　大崩壊した富士山――御殿場岩屑なだれ

(1) 宮地直道・富樫茂子・千葉達朗（二〇〇四）富士火山東斜面で二九〇〇年前に発生した山体崩壊　火山　四九：二三七―二四八頁
(2) 山元孝広・高田　亮・下川浩一（二〇〇二）富士火山の岩屑なだれ　富士火山――火山災害と噴火予測　月刊地球　二

四：六四〇―六四四頁
(3) 山崎晴雄（一九九四）開成町とその周辺の地形と地質　開成町史――自然編　一―一〇〇頁
(4) 高木照正（一九八一）沼津沖積平野の発達史　沼津市歴史民族資料館紀要　五：九二―一一七頁

4　富士山の噴火と巨大地震

(1) 石橋克彦・佐竹健次（一九九八）古地震研究によるプレート境界巨大地震の長期予測の問題点　地震　五〇別冊：一―二一頁
(2) 小山真人（一九九八）歴史時代の富士山噴火史の再検討　火山　四三：三二三―三四七頁
(3) つじよしのぶ（一九九二）『富士山の噴火――万葉集から現代まで』築地書館

III　富士山の空と水

1　富士山の笠雲――富士山気候気象学入門

(1) 相馬清二（一九九二）富士山の乱気流――巨大航空機を一瞬に打ち砕いた驚異的な破壊力『富士山　その自然のすべて』諏訪　彰編　同文書院
(2) 中田隆一（二〇〇一）『天気予報のための局地気象のみかた』東京堂　一一三頁
(3) 但野裕太・田　少奮・山川修治（二〇〇六）日本の山岳測候所における気温・湿度の長期変動　日大文理学部自然研究研究紀要　四一（印刷中）
(4) 湯山　生（一九九二）富士山にかかる笠雲と吊し雲の統計的調査　気象庁研究時報　一四：四一五―四二〇頁
(5) 清水崇博・大野希一・遠藤邦彦・山川修治（二〇〇三）ライブカメラにより観察された富士山の笠雲・吊し雲　日大文理学部自然研究研究紀要　三九：一五五―一六六頁
(6) 藤井理行（一九八〇）北半球における山岳永久凍土の分布と環境条件　雪氷　四二：四一―五二頁
(7) 清水崇博・山川修治（二〇〇四）富士山における笠雲の発生と七〇〇ｈＰａ付近に存在する安定層との関係　日本気象学

会二〇〇四年度秋季大会講演予稿集　八六：四六頁

2　富士山をめぐる水

(1) 宮脇　昭・菅原久夫（一九九二）富士山の植物たち――典型的な垂直分布と火山植生『富士山　その自然のすべて』諏訪彰編　同文書院　二七七―二九四頁
(2) 安原正也・風早康平（一九九五）富士山における天水の安定同位体組成と地下水の涵養高度『富士山の地下水流動系の研究』高山茂美編　四二―五五頁
(3) 山本荘毅（一九七〇）富士山の水文学的研究――火山体の水文学序説　地理学評論　四三（五）：二六七―二八四頁
(4) 木澤　綏（一九六九）富士山の気象『富士山　自然の謎を解く』木澤　綏・飯田睦治郎・松山資郎・宮脇　昭共著　日本放送出版協会　八五―一五九頁
(5) Mori, K.（1996）Long term trends in the water balance of central Japan, Jones, J.A.A. et al.［Eds.］"Regional Hydrological Response to Climate Change", Kluwer Academic Pub., pp.409–416.
(6) Yamamoto, S.（1995）"Volcano Body Springs in Japan", Kokon-shoin, 264p.
(7) 丸井敦尚・安原正也・河野　忠・佐藤芳徳・垣内正久・檜山哲哉・鈴木裕一・北川光雄（一九九五）富士山北麓西湖の水質と湖底湧水　ハイドロロジー（日本水文科学会誌）二五（一）：一―一二頁
(8) 鈴木裕一（一九九五）富士山の湧水の水温について『富士山の地下水流動系の研究』高山茂美編　一五―二二頁
(9) 井野盛夫（一九九四）柿田川湧水『名水を科学する』日本地下水学会編　技報堂出版　一五七―一六五頁
(10) 長瀬和雄・鹿園直建・輿水達司（二〇〇二）富士山の地下水『富士山の地下水と人間活動』日本地下水学会　一九―六九頁
(11) 中井信之・菊田直子・土　隆一（一九九五）富士山及び周辺の地下水・河川水の安定同位体組成とその水文学への応用　ハイドロロジー（日本水文科学会誌）二五（二）：七一―八一頁
(12) 北川光雄（一九九二）『富士火山とその周辺地域における水文環境と水文地形』一二九頁
(13) 森　和紀（一九九〇）湖沼の水収支『水文学　総観地理学講座八』市川正巳編　朝倉書店　一一〇―一二五頁

⒁濱野一彦（一九九二）富士五湖は噴火のたびに形を変えた『富士山　その自然のすべて』諏訪　彰編　同文書院　一六九―一八六頁

3　富士五湖のなぞ――山中湖を例として

⑴上杉　陽（一九九八）地史　富士吉田市史・史料編第一巻　富士吉田市　一三九―三九九頁
⑵小山真人（一九九八）噴火堆積物と古記録から見た延暦十九～二十一年（八〇〇～八〇二）富士山噴火――古代東海道は富士山の北麓を通っていたか？　火山　四三（五）：三四九―三七一頁
⑶小杉正人・池田光理・遠藤邦彦（一九九三）山中湖湖底堆積物に記録された過去二五〇〇年間の環境変遷史――花粉の運搬・堆積過程の基礎的研究とその応用　地質学論集（三九）：四一―五二頁
⑷田場　穣・遠藤邦彦・浅井和見（一九九五）山中湖底で発見された沈水樹と湖の形成　地球惑星関連合同学会予稿集
⑸小川孝徳（一九七五）山中湖に没した宿駅　歴史読本　一二：七二―七七頁
⑹上杉　陽・池田京子・須田明子・柳沢唯佳・岡本真砂夫・鈴木　聡（一九九五）富士火山北東麓の鷹丸尾熔岩類　関東の四紀　一九：三―二一頁
⑺田場　穣・清野裕丈・遠藤邦彦・小森次郎（一九九九）音波探査による山中湖西端部の湖底地形　日本大学文理学部自然科学研究所「研究紀要」（三四）：一二一―一二八頁
⑻Taba, Y., Endo, K., Tsuboi, T., Yasui, M., Hayashi, T., Kondo, M. (1996) A new vent of Younger Fuji in Lake Yamanaka. "Global Environment and Human Living", Nihon University.

IV　富士山の火山災害と恵み

1　富士山を宇宙からみれば――リモートセンシングによる富士山

⑴久保田康寛、中山裕則、田中總太郎、鈴木孝雄（二〇〇三）富士山斜面における地表面温度分布特性の分析、㈳日本リモートセンシング学会第三四回（平成一五年度春季）学術講演会論文集　一五三―一五四頁

(2) 宮地直道（一九八四）富士火山一七〇七年火砕流の降下に及ぼした風の影響　火山　二九：一七―三九頁
(3) ㈱パスコ編集（二〇〇二）ＧＩＳデータ・高速有料道路、幹線道路、鉄道

2　富士山の火山災害と防災――ハザードマップとはなにか

(1) 富士山ハザードマップ検討委員会（二〇〇四）富士山ハザードマップ検討委員会報告書　二四〇頁

3　富士山の恵み――豊かさを育む火山性土壌

(1) 日本土壌肥料学会（一九八三）火山灰土　博友社　二〇四頁
(2) 静岡県農業試験場（二〇〇〇）静岡県農業試験場近年の研究成果一〇〇　八二頁
(3) 山梨県吉田林務環境部（二〇〇三）管内概要　七一頁

V　富士山の火山災害にかんするなんでもQ＆A

(1) 小山真人（一九九八）歴史時代の富士山噴火史の再検討　火山　四三：三二三―三四七頁
(2) 山川修治（一九九七）一九九一年ピナトウボ大噴火とその後の冷夏・暑夏との関連性　気象研究ノート　一八九：六六―七七頁
(3) 山川修治（一九九三）小氷期の自然災害と気候変動　地学雑誌　一〇二（二）：一八三―一九五頁
(4) 富士山ハザードマップ検討委員会（二〇〇二）降灰に関するハザードマップの試作　富士山ハザードマップ検討委員会中間報告書　三四―三五頁
(5) 河合隆繁・山川修治・遠藤邦彦・牧口みゆき・近藤有紀（二〇〇二）富士山周辺の風と降灰分布　地球　二四（九）：六五一―六五九頁
(6) 中村　功・中森広道・廣井　脩（二〇〇四）火山防災情報と住民意識――二〇〇三年御殿場・富士吉田住民アンケート調査より　月刊地球　四八：一六九―一七四頁

【ヤ行】

【ラ行】

【ワ行】

【ナ行】

【サ行】

【タ行】

索引

執筆者略歴（五十音順）

遠藤邦彦（えんどう　くにひこ）

一九四二年東京都生まれ。東京大学大学院理学系研究科博士課程（地理学専攻）満期退学。現在、日本大学文理学部地球システム科学科教授。第四紀の環境変遷、軟弱地盤、自然災害、砂漠化問題などの研究に従事。編著に『日本の地形4　関東・伊豆小笠原』（東京大学出版会）、『第四紀露頭集』（日本第四紀学会）、『東京の地盤』（地盤工学会）、分担執筆に『地形学のフロンティア』（大明堂）など。

小坂和夫（こさか　かずお）

一九四八年東京都生まれ。東京大学大学院理学系研究科博士課程（地質学専攻）修了。理学博士。現在、日本大学文理学部地球システム科学科教授。専門は地質学、構造地質学。

高橋正樹（たかはし　まさき）

一九五〇年東京都生まれ。東京大学大学院理学系研究科博士課程（地質学専攻）修了。理学博士。茨城大学理学部教授を経て、現在、日本大学文理学部地球システム科学科教授。専門は火山地質学、岩石学。編書に『フィールドガイド日本の火山①〜⑥』（築地書館）、著書に『花崗岩が語る地球の進化』（岩波書店）、『島弧・マグマ・テクトニクス』（東京大学出版会）、『地殻の形成・岩波地球惑星科学講座8』（共著、岩波書店）など。日本地質学会理事。

中山裕則（なかやま　やすのり）

一九五二年東京都生まれ。日本大学文理学部応用地学科卒業。博士（工学）。㈶リモート・センシング技術センター研究部主任研究員などを経て、現在、日本大学文理学部地球システム科学科教授。著書に『水環境ウオッチング――地球・人間　そしてこれから』（分担執筆、技報堂出版）、『環境と資源の安全保障47の提言』（分担執筆、共立出版）、『日本の気候　第Ⅱ巻』（分担執筆、二宮書店）など。

宮地直道（みやじ　なおみち）
一九五七年静岡県生まれ。日本大学大学院理工学研究科博士後期課程満期退学。博士（理学）。農林水産省北海道農業試験場、静岡県農業試験場、㈱野菜茶業研究所土壌肥料研究室長を経て、現在、日本大学文理学部地球システム科学科助教授。著書に『フィールドガイド日本の火山②』（分担執筆、築地書館）、『富士を知る』（分担執筆、集英社）など。富士山ハザードマップ検討委員会委員。

森　和紀（もり　かずき）
一九四五年東京都生まれ。東京教育大学（現筑波大学）大学院修了。理学博士。三重大学教授を経て、現在、日本大学文理学部地球システム科学科教授。専門は水圏環境科学。人間活動にともなう水環境の変化を水循環の視点から研究。著書に『名水を科学する』（分担執筆、技報堂出版）、『東欧革命後の中央ヨーロッパ』（共著、二宮書店）など。日本水文科学会会長。

安井真也（やすい　まや）
一九六八年イギリス・ロンドン生まれ。日本大学大学院理工学研究科博士後期課程修了。博士（理学）。現在、日本大学文理学部地球システム科学科専任講師。専門は火山地質学。著書に『ブルーバックス　Q&A火山噴火』(分担執筆、講談社)など。

山川修治（やまかわ　しゅうじ）
一九五三年東京都生まれ。東京教育大学地学科地理学専攻卒業。東京都立大学理学研究科修了。理学博士。筑波大学助手、農業環境技術研究所地球環境研究チーム主任研究官を経て、日本大学文理学部地球システム科学科教授。専門は気候気象学。著書に『環境アグロ情報ハンドブック』（共編著、古今書院）、『環境気候学』（分担執筆、東京大学出版会）、『日本の気候第Ⅰ・Ⅱ巻』（共編者、二宮書店）など。

吉井敏尅（よしい　としかつ）
一九四二年北海道生まれ。北海道大学大学院理学研究科博士課程修了。理学博士。専門は地震学、とくに人工地震などによる地球内部構造の研究。東京大学地震研究所教授を経て、現在、日本大学文理学部地球システム科学科教授。著書に『日本の地殻構造』（東京大学出版会）、『地震』（共編著、丸善）など。地震防災対策強化地域判定会委員。

執筆担当

I 富士は日本一の山
1 高橋正樹　2 高橋正樹・小坂和夫
3 高橋正樹　4 宮地直道
5 高橋正樹・安井真也　コラム 高橋正樹

II 噴火する富士山
1 宮地直道　2 高橋正樹　3 宮地直道
4 吉井敏尅
コラム
火山灰と溶岩の体積　宮地直道
パホイホイ溶岩とアア溶岩　高橋正樹・安井真也

III 富士山の空と水
1 山川修治　2 森和紀　3 遠藤邦彦
コラム 山川修治

IV 富士山の火山災害と恵み
1 中山裕則　2 宮地直道　3 宮地直道
コラム
ハザードマップ 宮地直道
富士山ハザードマップ 宮地直道
火山災害 宮地直道
富士山監視ネットワーク 遠藤邦彦

V 富士山の火山災害Q＆A　宮地直道・山川修治

富士山の謎をさぐる
富士火山の地球科学と防災学

二〇〇六年四月一日　初版発行
二〇〇八年三月一日　二刷発行

編者　日本大学文理学部地球システム科学教室
発行者　土井二郎
発行所　築地書館株式会社
東京都中央区築地七-四-四-二〇一
☎〇三-三五四二-三七三一
FAX〇三-三五四一-五七九九
http://www.tsukiji-shokan.co.jp/
振替〇〇一一〇-五-一九〇五七
印刷・製本　株式会社シナノ
装丁　吉野愛

Printed in Japan.　ISBN 978-4-8067-1318-0
